好奇心书系
· 野外识别手册 ·

"十三五" 国家重点出版物出版规划项目

常见爬行动物
野外识别手册

齐 硕 编著

重庆大学出版社

图书在版编目（CIP）数据

常见爬行动物野外识别手册／齐硕编著. —— 重庆：
重庆大学出版社，2019.6（2023.7重印）
（好奇心书系·野外识别手册）
ISBN 978-7-5689-1486-4

Ⅰ.①常… Ⅱ.①齐… Ⅲ.①爬行纲—识别—手册
Ⅳ.①Q959.6-62

中国版本图书馆CIP数据核字（2019）第032502号

常见爬行动物野外识别手册

齐 硕 编著

策划： 鹿角文化工作室

守护荒野共享志愿服务平台

责任编辑：梁 涛　　版式设计：周 娟 刘 玲
责任校对：谢 芳　　责任印制：赵 晟

*

重庆大学出版社出版发行

出版人：饶帮华

社址：重庆市沙坪坝区大学城西路21号

邮编：401331

电话：(023) 88617190　88617185（中小学）

传真：(023) 88617186　88617166

网址：http://www.cqup.com.cn

邮箱：fxk@cqup.com.cn（营销中心）

全国新华书店经销

重庆长虹印务有限公司印刷

*

开本：787mm×1092mm　1/32　印张：7.375　字数：234千

2019年6月第1版　2023年7月第5次印刷

印数：25 001—30 000

ISBN 978-7-5689-1486-4　　定价：39.90元

随着第六次生物大灭绝的开始，全人类开始重视生物多样性保护问题，而厘清物种间的系统关系，并对其进行分类与辨别便成了谈及保护前的首要工作。我国作为生物资源大国，生物多样性极其丰富，这其中就包含了种类繁多的爬行类动物。

爬行类作为脊椎动物进化过程中的过渡性类群，与鸟、兽有直接共同祖先。人们对爬行类进行分类、鉴别的历史由来已久，自人类文明出现伊始就已初现雏形。在距今 3 000 多年的殷商时代，我国古代先辈就已使用甲骨文记录所见动物，其中关涉爬行动物的有 9 个单字。到了明代，李时珍的《本草纲目》将几种爬行动物分列于鳞、介两部，简述其样貌、习性及利用价值，可见爬行动物与人类生活联系密切。

纵观历史变迁，在人们对各种爬行动物的认识中，又对龟、蛇两类的介绍着墨甚多，但人们看待这两类动物的态度十分复杂，通常，人们喜好龟而厌恶蛇，甚至还有"见蛇不打三分罪"的谚语。

因此，为了提高人们的保护意识，我很高兴看到我的学生完成的这本《常见爬行动物野外识别手册》，图文并茂，具有很高的实用和鉴赏价值。作为一本适用于大众阅读的爬行动物野外识别书籍，我很乐意向大家推荐。

沈阳师范大学两栖爬行动物研究所

李丕鹏

2018 年 12 月

爬行动物是最早摆脱对水环境依赖的脊椎动物类群，是脊椎动物从水栖到陆栖，由简单向复杂演化的重要一环。

人们对爬行动物进行分类的历史由来已久。成书于战汉时期的《尔雅》是我国古代第一部将动物分门别类的古籍，书中将不同动物分别列入释虫、释鱼、释鸟、释兽、释畜五篇章，其中爬行动物被归于鱼类。西方对爬行动物的分类记载可追溯到古希腊亚里士多德时期，首先将动物分为有血动物和无血动物两大类，然后再根据动物的其他形态特征作进一步细分，爬行动物被归于有血动物中的卵生被鳞四足类和蛇类。

爬行动物是人们日常生活中常见的动物类群，同时也与人们的生产、生活息息相关，尤其是蛇类中的部分种类会对人们的生命安全造成威胁，因此对爬行动物进行快速、准确的鉴别也显得十分重要。

我国幅员辽阔，生物资源丰富，其中就包含了丰富的爬行动物物种多样性。本书选取了 244 种爬行动物进行介绍，约占我国已知爬行动物总数的一半，其中大部分是较为常见的种类，同时也对部分特有物种进行了简单介绍。比较遗憾的是，由于缺乏合适的生态照片，暂未收录海龟、海蛇等海生爬行动物类群，希望能在将来的再版中弥补这一缺憾。

本书分类主要参考了《中国爬行纲动物分类厘定》及 "The Reptile Database" 数据库，少部分参考了最新文献资料。部分物种描述参考了诸多前辈所编写的工具书，如《中国动物志——爬行纲》《中国蛇类》及《中国爬行动物图鉴》等。由于分类变动，部分物种的中文名较之前文献有所不同，请以拉丁学名为准。本书面向大众读者，故在介绍时主要保留肉眼最易观察到的特征，如体色、体型、色斑等，简化了对鳞被差异等细节的描述及复杂难懂的专业性词语。但对于形态差异不大仅能靠鳞被或细节差异区别的近缘种，对其具有特点的鳞被描述仍予以保留。

本书涉及物种分类跨度较大，承蒙诸多两栖爬行动物研究领域的前辈、老师、同学的无私帮助，感谢他们在本手册编写过程中对分类鉴定给予的指导。在这里要特别感谢张巍巍先生，承蒙错爱，推选笔者这一初出茅庐的两爬新人作为本手册的作者，并一路指引和鞭策，如果没有他的鼓励与敦促，笔者无法高质量完成这部作品。还要特别感谢中国科学院古脊椎动物与古人类研究所史静耸博士、四川师范大学侯勉先生、中国科学院昆明动物研究所蒋珂先生、中国科学院成都生物研究所蔡波博士。

感谢诸多为本手册供图的图片作者，我们在征集图片之初就收到了来自各行各业、五湖四海朋友的投稿，这其中有诸多自然爱好者、自然摄影师、野生动物爱好者以及科研人员，在此，特别要感谢荒野公学的诸多自然爱好者及部分自然摄影师为本书提供影像资料。如果没有他们的鼎力相助无论如何也是无法完成这部作品的。笔者在这里向他们致谢，具体拍摄者信息在书后会有详细记录。

虽然还有很多供图者的图片因为某些原因最终没有被采用，但是依然对他们的支持表示由衷的感谢！他们是常凌小、戴翠、顾伯健、黄生鸿、李录、李峥、李智选、刘佳、刘家斌、刘昭宇、龙杰、卢元、罗琛、马卓、孟雅冰、邱鹭、饶涛、谭文奇、汪阗、王二志、王纪红、王九棠、王瑞卿、韦晔、吴可量、倪明、余博识、雨田人龙、张冰、郑洋、朱晓琨、朱亦凡。由于征集图片的时间跨度较大，如有遗漏，还望海涵！

感谢好友陈瑜先生为本手册绘制精美的线描图并提供宝贵建议，以及好友赖婷婷女士提供大量参考书籍。

在这里，我还要特别感谢我的两位导师：李丕鹏教授和陆宇燕教授，他们是我学术道路上的启蒙者，感谢他们在学习和生活方面给予我的关怀与帮助，我也将继续努力，不负他们所望。

最后，我要感谢我的家人，尤其是我开明的父母，是他们对我自幼以来兴趣的支持与鼓励才让我最终义无反顾地走向了我所热爱的道路。

　　鉴于本人学识和水平有限，疏漏之处在所难免，恳请专家、学者以及广大爬行动物爱好者批评指正。

齐　硕

2019 年 1 月

目 录 CONTENTS
REPTILES

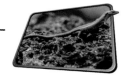

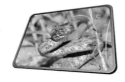

入门知识

Introduction

· 什么是爬行动物 ·

人们通常将身披角质鳞甲并可以产下羊膜卵的四足脊椎动物类群称为爬行动物（蛇类、蛇蜥等无足类群亦包含在内）。现存的爬行动物隶属于爬行纲下的 4 个目，分别是鳄形目、龟鳖目、有鳞目和喙头目，共计 10 800 余种（截至 2019 年 1 月），除此之外还包括恐龙、翼龙、鱼龙等史前灭绝类群。

不过，想要给爬行动物下一个科学的定义恐怕不是件容易的事情，这里似乎出现了一些难以解释的问题。例如，现在已有足够多的证据支持鸟类是由兽脚类恐龙中的一支演化而来，那么爬行动物与鸟类之间该如何界定？除此之外，通过 DNA 层面的比对和分析，人们还发现，鳄鱼与鸟类的亲缘关系甚至比同属爬行纲的蜥蜴的亲缘关系还要接近，这又该如何解释呢？

这些问题出现的关键在于人们很难跳出早已植根于大脑的传统生物分类思想。初中生物课上我们学过，对生物界进行分类可由大到小依次分为界、门、纲、目、科、属、种这 7 个分类阶元，每一个小阶元隶属于上一个阶元，依次套叠。

但随着人们对生物演化认识的不断深入，对传统分类系统的质疑也日益强烈。人们逐渐意识到生物的演化是一个连续的过程，在分类体系中不应建立绝对的阶元级别。在这样的背景下，分支系统学理论应运而生。以分支系统学的观点，现今人们在对某一生物类群进行分类时，应尽量能够按照单系群来进行分类，即一个分类单元的诸多物种应该有一个共同祖先，一个共同祖先的后代是这个分类单元的所有物种。我们给一个分类单元下一个定义，必须要概括这个分类单元共同的特征，同时也能与别的分类单元区分开来。而狭义的爬行动物自身是一个并系群，没有包含它们最近共同祖先的所有后代，即鸟类。

如果觉得上述文字难以理解的话，下面举几个例子初步介绍什么是单系群、并系群和多系群：

例：老王有三个孩子，且仅有三个孩子，分别是小明、小刚和小红。

老王、小明、小刚、小红，这四个人在一起就构成了一个单系群，老王是共同祖先，这个共同祖先的所有后代都包含在其中。

老王、小明、小刚，这三个人构成了一个并系群，包含了共同祖先但未包含共同祖先的所有后代，也就是小红。

小明、小刚、小红，这三个人构成了一个多系群，未包含共同祖先老王。

这里面小明、小刚、小红分别指代爬行类、鸟类和哺乳类，而老王则是这三者的最近共同祖先。

当然，生物间的系统关系可比老王的家事复杂得多，在此仅简释其概念。解释了这么多，我们回头看一下到底什么是爬行动物。根据支序分类学派的观点，狭义的爬行动物与鸟类组合成的单系群被称为蜥形纲（Sauropsida），再与以哺乳类为代表的合弓纲（Synapsid）组成单系群，这一大类我们称之为羊膜动物（Amniote）。

现生的爬行动物可视为羊膜动物中除去鸟类、哺乳类以外的所有成员，它们的特征是：可以产下由羊膜包被的胚胎，卵最外层可能还具有钙质或革质的卵壳；体表缺乏腺体，多被以角质鳞甲；具有由脊椎连接组成的脊柱；除极个别情况外，绝大多数种类不具体温调节机制，体温不恒定。

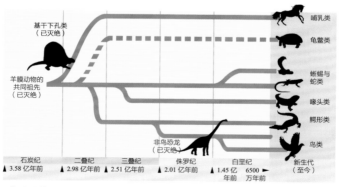

● 羊膜动物的系统发育树（目前龟鳖类的系统位置暂不明确，暂以虚线表示）

· 如何对爬行动物进行识别 ·

在学习如何识别爬行动物之前，应先对爬行动物的分类检索术语有一定的了解，例如，蜥蜴和蛇类的鳞被特征是分类检索的重要依据，鳞片的数量、排布方式、形状大小都具有非常重要的分类学意义。

但在如今这个"读图时代"，很多类群的物种凭借照片难以进行鉴定，需要某些特定部位的清晰特写才能进行鉴定。所以本手册主要偏向对外部形态及色斑等方面进行描述，对大多数常见物种可轻松识别，但对部分易混淆的近缘种的分类检索还需查阅各类工具书籍和文献资料。较常用的工具书籍有：《中国动物志——爬行纲》（共3卷）、《中国蛇类》（上、下）、《中国龟鳖分类原色图鉴》及《中国爬行动物图鉴》等。另外，如今发达的互联网也是获取信息的重要手段，读者可以从网络上找到许多有关爬行动物分类及识别的内容。

详细的产地信息对识别同样至关重要。爬行动物的活动能力远不及哺乳类和鸟类，因此迁移能力较弱。如果有山脉、河流等地理屏障将一个大种群分隔成数个小种群的话，这几个小种群互相不发生基因交流，久而久之就有可能演化成不同的物种。因此，在有形态学信息的基础上提供尽可能详细的产地信息更有助于鉴定。而对于仍不能鉴定的物种可通过电子邮件或社交网络等方式向该类群的研究者进行咨询，说不定你见到的就是还没有被描述的新物种！

以下两组为蛇类鳞被模式图及龟类盾片模式图，由于蜥蜴各科间鳞被差异较大，较难以模式图的形式展现，故省略，仅供参考。

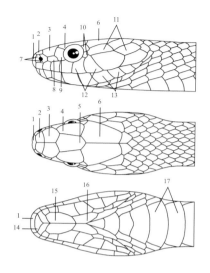

● 蛇类头部鳞被模式图

1. 吻鳞；2. 鼻间鳞；3. 前额鳞；4. 眶上鳞；5. 额鳞；6. 顶鳞；7. 鼻鳞；
8. 颊鳞；9. 眶前鳞；10. 眶后鳞；11. 颞鳞；12. 上唇鳞；13. 下唇鳞；14. 颏鳞；
15. 前颏片；16. 后颏片；17. 腹鳞

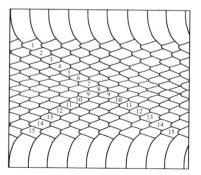

● 蛇类背鳞数量的计数方法

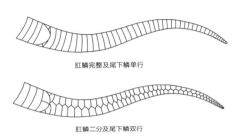

肛鳞完整及尾下鳞单行

肛鳞二分及尾下鳞双行

● 蛇类尾部腹面观示

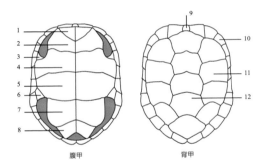

腹甲　　　　　　　　背甲

● 龟类盾片模式图
1. 咽盾；2. 肱盾；3. 腋盾；4. 胸盾；5. 腹盾；6. 胯盾；
7. 股盾；8. 肛盾；9. 颈盾；10. 缘盾；11. 肋盾；12. 椎盾

· 去哪里观察爬行动物 ·

　　在脱离水环境的束缚后，爬行动物开始尝试征服地球的各个角落，陆地、海洋、天空都曾留下它们的魅影。到了中生代，爬行动物的多样性进入鼎盛时期，直到 6 500 万年前发生的第五次物种大灭绝才终结了它们对地球长达近两亿年的统治。

现如今，爬行动物依然繁盛，全世界范围内已知的现生爬行动物物种数已达到 10 800 余种，是位列硬骨鱼纲及鸟纲之后的第三大脊椎动物类群。物种多样性如此繁多必然占据很多不同的生态位，栖息环境也不尽相同，那我们要到哪里去观察爬行动物呢？

准备工作： 要观察爬行动物首先要了解关于它们的各种生态学信息，如生活节律、分布范围、分布海拔、适宜生境等。这些信息可以事先从当地的爬行动物志或互联网上进行了解。

什么时间： 爬行动物是变温动物，活动受温度影响较大，很多种类具有季节性休眠的习性，因此想要在野外观察爬行动物应该选择它们的活动旺季。一般来说，在我国秦岭 - 淮河以北地区，每年 5 至 9 月是爬行动物的活动高峰期，11 月末至次年 3 月则到了休眠期，一般不食不动地蛰伏于隐蔽处。东北地区的爬行动物的出蛰时间较晚，一般在每年 4 月初，入蛰时间提前至 10 月。我国北回归线以南地区冬季气温依然较高，爬行动物通常不会进入深度休眠，平时蛰伏于隐蔽处，阳光充足时外出活动吸收热量，而后回到隐蔽处继续蛰伏。

不同种类的爬行动物也有着不同的日活动节律，对于昼行性的种类来说，每天清晨太阳升起后逐渐开始活动，正午气温最高时通常会伏于隐蔽处，而到了太阳落山前气温回落时将迎来第二个活动高峰。夜行性的种类多数于太阳落山后开始活动，多持续至次日凌晨。

什么地点： 一般来说，越是气候温暖、降水充沛、植被层次丰富的地区物种多样性越高。在我国南方的热带、亚热带森林，不同种类的爬行动物占据垂直空间和水平空间的各个生存空间，它们有的生活在地面，有的生活在树上，还有的生活在地下。尽管多样性丰富，但垂直空间的分布稀释了与它们偶遇的概率，想找到爬行动物并不容易，关键在于了解它们的生活节律及适栖环境。夜晚是观察爬行动物的最好时机，水源地附近及林中防火道是寻找爬行动物的理想场所，一些夜行性的蛇类蠢蠢欲动，与它们偶遇的概率大大增加，而白天精力旺盛的蜥蜴到了夜晚便安静下来，趴伏于树枝或植物叶片上酣睡。

● 夜晚于树枝上休憩的长鬣蜥

● 耐寒耐旱的捷蜥蜴分布北限可达北极圈外围

而位于我国西北部的荒漠、半荒漠地区，爬行动物种多样性虽不丰富，但由于栖息环境相对单一，找对时间，找对地点，要在野外与它们相遇还是不难的。荒漠环境昼夜温差较大，爬行动物多于晨昏活动，在荒漠稀疏的灌丛附近搜寻，相信会有收获。

　　最后要强调的是，野外观察、摄影等活动应在不影响其自然行为的前提下进行，虽然爬行动物可以接受适度摆拍，但也一定要在不违背自然摄影基本原则的条件下进行，不可对其造成伤害，更不可为一己私欲，将其捕捉、贩卖。野生动物只有在自然状态下才会展现出它们最美的一面，望诸君铭记。

● 壁虎是爬行动物中最能适应城市生活的类群，房前屋后皆可见到它们的身影

· 爬行动物吃什么 ·

不同种类爬行动物的大小、形态各异，所取食的食物种类也是多种多样。与其他动物类群一样，可大致分为肉食性、杂食性和植食性三大类。

大多数爬行动物属于肉食性，捕食对象多种多样，小到昆虫，大到飞禽走兽都可能成为其食物。部分种类为杂食性，除捕食猎物外兼取食植物的茎、叶、花及果实等部位。少数种类为植食性，几乎完全取食于植物，见于龟鳖目和有鳞目蜥蜴亚目中的部分种类。

此外，还可依据可接受食物种类的丰富程度将爬行动物分为广食性、寡食性和单食性。

● 昆虫等无脊椎动物是许多爬行动物的主要食物来源

● 生活于海岛的蛇岛蝮，仅靠捕食一年两季的候鸟为生

● 银环蛇捕食白唇竹叶青蛇

● 在复杂的食物链中，爬行动物同样也会沦为其他动物的食物

· 如何判断爬行动物的性别 ·

除具有明显两性异形的种类外，想要判别爬行动物的性别对于普通人来说貌似不是一件容易的事。下面列出部分常用性别判别技巧，但由于爬行动物各个类群种类繁多，不可一概而论，仅供参考。

蛇类的性别判别主要看尾部形态。一般来说，雄性因其内部有半阴茎的缘故，尾根部较粗，尾所占身体比例亦更大；雌性尾自泄殖孔起立即变细，至尾尖过渡平缓。除此之外，有些种类的蛇类可根据体型大小、色斑辨别性别。

蜥蜴的性别判别因种类不同而异。例如：鬣蜥科的物种雄性通常体型更大，拥有更丰富艳丽的体色，或具有更发达的鬣刺；壁虎科的物种雄性尾基部有明显膨大突起，泄殖孔周围具有更明显的肛前孔；蜥蜴科和石龙子科的物种雄性通常拥有更宽的头部，尾基部也更加粗壮。

龟鳖类的性别判别主要看尾部形态。一般来说，雄性尾基部粗大，自泄殖孔至尾尖距离长；雌性尾基部相对较细，自泄殖孔至尾尖距离较短。

鳄类的性别判别较为困难，一般来说成年雄性较成年雌性体型更大，头部更加宽厚。

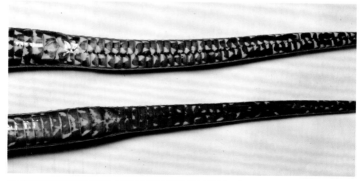

● 在体型相同的情况下，雄性的尾较雌性的尾明显更粗且长（上雄下雌）

· 爬行动物如何繁殖 ·

在爬行动物中，鳄类及龟鳖类的雄性具单枚交接器，交配时由体内翻出。蛇和蜥蜴的雄性具成对的交接器，称为半阴茎，交配时由体内翻出，一侧半阴茎插入雌性泄殖腔完成交配。不同物种间半阴茎形态具有差异，亦是重要的分类依据。喙头目的楔齿蜥无交接器，依靠泄殖孔直接接触完成交配。

爬行动物营卵生或卵胎生生殖，某些种类的沙蜥兼具两种生殖方式。爬行动物中绝大多数种类为有性生殖，极少数种类有孤雌生殖记录。大多数爬行动物的性别受性染色体上遗传物质的控制，但少数种类（如鳄鱼、海龟等）的性别还会受到温度的影响，这种现象被称为"温度依赖型性别决定"（TSD）。

● 为争夺交配权而大打出手的敏麻蜥

● 交配中的北草蜥

● 雄性棕黑锦蛇外翻出的一对半阴茎

· 如何辨别无毒蛇和毒蛇 ·

从小到大，我们从长辈或一些书籍、媒体那里获得的经验便是"三角形头的蛇有毒，椭圆形头的蛇无毒；体色鲜艳的蛇有毒，体色黯淡的蛇无毒"，这甚至成为一些人判断蛇有无毒性的"万用法则"。可现实果真如此吗？

其实这些所谓的经验之谈都是片面的，不可一概而论。例如：具有三角形头的蛇还有无毒的颈棱蛇，而且某些游蛇科的无毒蛇在防御状态下，下颌骨向外撑开，头部也呈三角形。说椭圆形脑袋的蛇无毒更不靠谱，剧毒的银环蛇就有一个椭圆形的脑袋，多种游蛇科的后沟牙毒蛇更是如此，所以靠头部形状判断蛇类有毒与否是比较片面的。另外，人们受"警戒色"这个概念的引导，觉得体色越是鲜艳的蛇毒性越大，但事实上，凭借体色辨别蛇有无毒性的说法实属无稽之谈。在我国分布广泛且造成蛇伤极多的短尾蝮就有着朴素的体色，而有着艳丽色彩和几何形花纹的玉斑锦蛇却是无毒蛇。

就我国而言，毒蛇的种类主要集中于管牙类的蝰科、前沟牙类的眼镜蛇科以及某些具有后沟牙的游蛇科、水蛇科、光明蛇科（又称屋蛇科）蛇类。

蝰科以下有 3 个亚科，分别是蝰亚科、蝮亚科及白头蝰亚科。一般而言，蝰科的蛇类都具有形似三角形的头部，体型较短粗。蝰科毒蛇主要利用伏击的方式狩猎，即使有人靠近也经常盘踞不动，人稍不注意就有可能踩踏其上而产生危险。此类毒蛇的毒液多为血循毒及混合毒，被咬伤后不久伤口便开始有灼烧感并伴随肿胀、内出血、溃烂及急性喉头水肿等症状，严重者有生命危险。代表物种有短尾蝮、尖吻蝮（五步蛇）、福建竹叶青蛇、原矛头蝮蛇等。

眼镜蛇科以下也有 3 个亚科，分别是眼镜蛇亚科、海蛇亚科和扁尾海蛇亚科。海蛇亚科及扁尾海蛇亚科的物种除陆生类群和少数淡水生活种类外，其余全部生活于热带、亚热带海洋中，它们全部是具有强烈神经毒素的剧毒蛇，但好在其性情温顺，除非故意招惹、捕捉，否则很少开口咬人。陆地上的眼镜蛇亚科物种就没这么好脾气了，每年都会造成大量的蛇咬伤事件，其中有不少人因此丧命。代表物种有银环蛇、舟山眼镜蛇、眼镜王蛇、中华珊瑚蛇、青环海蛇等。其中银环蛇、金环蛇等具强烈的神经毒素，被咬后伤口仅略有瘙痒感，并无明显疼痛红肿，所以很容易误认为是被无毒蛇咬伤而延误治疗，随着病程发展可导致呼吸衰竭而引起死亡。眼镜蛇及眼镜王蛇等具有混合毒素，其兼具血循毒及神经毒，被咬后初期伤口周围麻木，随后疼痛、红肿、溃烂，甚至还会呼吸衰竭及心脏骤停等。

不同于前沟牙毒蛇由毒腺泌毒，后沟牙毒蛇的毒液由达氏腺（Duvernoy's gland）分泌，两类腺体在系统演化史上同源，均属特化的唾液腺，但二者出现是否存在"顺序"关系目前尚有争议。后沟牙毒蛇的毒牙位于上颌中后段，大多在咀嚼的过程中注入毒液，一般情况下毒牙较难伤人，而且多数种类的毒液主要对变温动物起效，除诸如非洲树蛇（Dispholidus typus）那样的剧毒后沟牙毒蛇外，一般不会对人造成致命威胁，仅会引起伤

● 无毒蛇与毒蛇的牙齿
1. 王锦蛇（无毒）；2. 舟山眼镜蛇（前沟牙毒蛇）；3. 尖吻蝮（管牙毒蛇）

口周围瘙痒疼痛及轻微红肿，一般几天后即可自愈，但对过敏体质者仍需谨慎处理。在我国后沟牙毒蛇主要集中于游蛇科、水蛇科及光明蛇科当中，代表物种有绞花林蛇、绿瘦蛇、中国水蛇等。

颈槽蛇属（*Rhabdophis*）的物种除具有达氏腺外，它们还有另外一套毒腺系统在其颈背正中的颈槽内，在受刺激后会分泌白色或黄白色浆液，浆液进入眼、黏膜及伤口会引起红肿疼痛。

● 虎斑颈槽蛇颈腺分泌的液体

· 野外防蛇技巧及蛇伤处理建议 ·

在野外工作时难免会与蛇类不期而遇，如果怕蛇的你不希望与蛇类"亲密接触"，那就记住以下几点：

1. 多数蛇类在夜晚外出活动，因此尽量避免夜晚到草木茂盛或靠近水源的地区；

2. 在林中行走时尽量穿高帮登山鞋，以登山杖或木棍等作为手杖在前探路；

3. 在南方多灌木的山林穿行时尽量佩戴四周都带檐的宽檐帽；

4. 野外露营时，每天早起检查鞋及衣裤；

5. 大多数蛇咬伤事件发生在捉蛇的过程中，如无特殊情况请不要捉蛇；

6. 常备常用医药用品，如酒精棉、纱布、剪刀、镊子等；

7. 结伴出行，以便遇到危急情况相互照应。

如果你非常不幸被蛇咬伤，请保持冷静，不要慌张，首先要确定咬你的是什么蛇，应及时用手机或相机对蛇进行拍照以供辨认。如果没有拍摄设备，情急之下也可以将蛇打死，一同带去医院；如果没有看清蛇的模样，可根据齿痕做大致判断。一般而言，毒蛇留下的齿痕多是一对或一个较大的出血点，其后可能还有数个较小的出血点，被咬后不久伤口便会感到不同于一般刺痛的灼烧感（银环蛇等神经毒毒蛇反应较轻微）。无毒蛇的齿痕大多是一排细密的出血点。

如果能够确定是被毒蛇咬伤，应尽快到医院注射相应的抗蛇毒血清，注射抗蛇毒血清是治疗蛇伤的最有效途径。如果无法确定毒蛇种类，前往医院进行抗体检测也可大致判别毒液类型。

以下是对蛇伤急救的一些建议：

1. 确定伤人蛇的种类，错用抗蛇毒血清也可能造成危险。

2. 被咬后第一时间用大量清水冲洗伤口。

3. 如咬到手部请及时取下伤口附近的戒指、手链、手表等，以免伤口肿胀导致难以取下，咬伤脚的话也应依据情况脱下鞋袜。

4. 谨慎使用止血带，止血带使用不当可能会导致残疾，可视情况使用压力绷带进行包扎。但被尖吻蝮（五步蛇）等血循毒的毒蛇咬伤后一定不能使用止血带，因为高浓度毒液聚集会导致组织坏死。

5. 不建议扩创，有导致伤口感染的风险，如被尖吻蝮等具有强烈血循毒的毒蛇咬伤后一定不能扩创。

6. 严禁饮酒。酒精会使血管扩张，加快毒液的蔓延速度。

7. 被银环蛇等神经性毒蛇咬伤后一定要佩戴呼吸机辅助呼吸。

8. 我国抗眼镜蛇毒血清产量较少，如果医院未备有抗眼镜蛇毒血清，请不要一味寻找，白白浪费宝贵的急救时间，联合使用抗银环蛇毒血清和抗蝮蛇毒血清也可用于救急，具体用法用量请遵医嘱。

9. 再次强调，及时前往医院注射相应的抗蛇毒血清才是治疗蛇伤的最有效途径。

· 本手册所使用的中文名 ·

在本手册中，物种的中文名主要参考《中国动物志——爬行纲》《拉汉英两栖爬行动物名称》及《中国爬行纲动物分类厘定》。由于分类变动，某些物种的中文名会较此前资料有所变更，但对于某些使用较广，尤其是自古沿用的名称，则暂不对其中文名进行变更，以免造成不必要的误会，至于属级归属请以拉丁学名为准。 部分物种附以曾用名、别名、地方名等供读者参考。

鳄形目 CROCODYLIA

鳄形目现存 3 科 9 属 24 种,分布于南北半球的热带、亚热带地区,我国仅存 1 种,为鼍(tuó)科鼍属的扬子鳄。鳄形目是爬行纲中最为进步的类群,神经系统和循环系统较爬行纲其他类群更加完善,主要表现在于:大脑开始出现由新脑皮组成的大脑皮质;小脑有侧向突出的小脑绒球;交感神经系统特别发达;心脏分化为四室,左、右心室完全分开,其间仅留一潘尼兹氏孔相连;心脏中动脉血和静脉血基本不相混合,接近于真正的双循环。

鼍科 Alligatoridae

鼍科也可称为短吻鳄科,世界范围内已记录 4 属 8 种,除原产于我国的扬子鳄外,其余 7 种均分布于新大陆。

鼍属 Alligator

① 扬子鳄 *Alligator sinensis* (别名:鼍、猪婆龙、土龙)

成体全长约 150 cm,最大者可达 240 cm。吻短而平扁,长略大于宽,外鼻孔位于吻端背面,有可以闭合的鼻瓣。头顶微隆,眼位于头顶两侧,瞳孔纵裂,下眼睑内侧具半透明的瞬膜,潜水及捕猎时,瞬膜迅速由后眼角向前关闭,以保护眼球。背面深橄榄色或灰黑色,体尾背面具多道浅色横斑,斑纹于幼体时尤其醒目,呈黄色。周身披以角质鳞甲,其中似山崤突起的大鳞称为崤鳞,分散于颈部、背部及尾上;颈部崤鳞近似方形,通常排成横排,每排两枚,左右各一;背部崤鳞有 17 横排;尾前段具双列崤鳞,自中段起为单列崤鳞。腹面米黄色,具方形的板状鳞。四肢短小粗壮,分列于体躯两侧,指 5 爪,趾 4 爪。

半水栖生活,栖息于多芦苇、竹林或其他植被的沼泽、湖泊等水环境,于岸边掘穴而居,洞的深度最长可达 20 余米。在野外主要捕食田螺、河蚌等,亦捕食鱼类、甲壳动物、节肢动物、水鸟及小型哺乳动物等。扬子鳄曾经分布十分广泛,但由于气候及人为因素现仅见于我国安徽、浙江、江苏、上海等地的小范围水域,为我国的 I 级保护动物。

龟鳖目 TESTUDINES

龟鳖目现存 340 余种，我国已知约 34 种，它们包括了我们所熟知的乌龟、陆龟、海龟以及鳖等。现存的龟鳖目成员可分为曲颈龟亚目（Cryptodira）和侧颈龟亚目（Pleurodira）两大类群。曲颈龟亚目又名潜颈龟亚目或隐颈龟亚目，包含了龟鳖目中的绝大多数种类，海龟科、陆龟科、地龟科、鳖科等均隶属于其中，广泛分布于除南极洲外的各大洲和除北冰洋外的各大洋。它们的共有特征是，绝大多数种类的颈部都能呈"S"形地缩入壳内。与曲颈龟亚目相比，侧颈龟亚目的物种数量、分布范围和分化程度都小得多，总数仅占龟鳖目的三分之一，只分布于南半球的南美洲、澳大利亚和赤道以南的非洲，均生活于淡水环境。它们的颈部无法缩入壳内，只能水平地弯向一侧，将头置于背、腹甲之间。

鳖科 Trionychidae

鳖科于世界范围内已记录约 33 种，广泛分布于亚洲、非洲及北美洲。目前可分为 2 个亚科，分别是鳖亚科（Trionychinae）和盘鳖亚科（Cyclanorbinae）。我国所产种类皆隶属于鳖亚科，共报道 4 属 8 种。本手册只收录 1 种。

华鳖属 Pelodiscus

① 中华鳖 *Pelodiscus sinensis*　（别名: 甲鱼、水鱼、团鱼、元鱼、王八）

头部中等大小，呈三角形，眼后常有 1 条黑褐色线纹，头背具黑色和乳白色斑点。吻突长度等于或长于眼眶直径。成体背盘呈卵圆形，长 20 ~ 30 cm，被以柔软的革质皮肤，其上光滑或具少量疣粒。颈基部两侧及背甲前缘均无明显的瘰粒或疣簇。通体背面呈橄榄绿色、橄榄黄色、黄褐色等，部分个体其上具有少量黑褐色圆形色斑或黄绿色虫纹；腹面乳白色。雌性尾较短，腹甲后缘与泄殖腔孔距离较近，尾伸直后末端通常不突出裙边；雄性尾粗且长，腹甲后缘与泄殖腔孔距离较远，尾伸直后末端通常突出在裙外。

河流、湖泊、水库等水域均可见其踪迹。杂食性，捕食小鱼、小虾及各种肉类，偶见取食植物。国内分布广泛，且养殖量大，各地间贸易流通频繁，除宁夏、新疆、青海、西藏以外各地均有报道。

平胸龟科 Platysternidae

平胸龟科目前仅存 1 属 1 种，分布于我国及东南亚部分国家。

平胸龟属 Platysternon

① 平胸龟 *Platysternon megacephalum* （别名：鹰嘴龟、鹰龟、大头扁角龟、大头龟）

头大，呈三角形，无法缩入壳内，头背面和侧面被整块角质盾片覆盖，上下喙均具钩曲，上喙弯曲似鹰嘴。成体背甲长 15 ～ 20 cm，呈长卵圆形，极扁平，中央具 1 条嵴棱，背面呈深褐色、黑褐色等，幼体体色较成体鲜亮，多呈黄绿色或红褐色；腹甲较小，呈浅黄色、橄榄黄色等；头部深褐色或橄榄褐色等，因亚种不同或个体差异部分个体头颈密布橘红色点斑，幼体时头两侧各具 1 道镶黑边的浅黄色纵纹，自吻端经眼延伸至颈部，随年龄增长逐渐模糊、消失。四肢及尾呈深褐色、橄榄褐色等，部分个体具橘红色点斑，尾较长，与背甲几乎等长，其上覆以环状排列的矩形鳞片。

栖息于低海拔山涧溪流中，极少上岸，于夜间活动。捕食小鱼、田螺、虾、蟹、蠕虫及其他小型无脊椎动物。国内分布于华东、华南及西南部分省区。为我国的 I 级保护动物。

陆龟科 Testudinidae

陆龟科于世界范围内已记录约 59 种，广泛分布于亚洲、欧洲、非洲、北美洲及南美洲。中国已报道 3 属 3 种。本手册收录 3 种。

陆龟属 Testudo

② 四爪陆龟 *Testudo horsfieldii* （别名：旱龟）

头中等大小，头顶覆盖成对的大鳞，额鳞较大，上喙前端具 3 个尖突，喙缘具细锯齿。成体背甲近圆形，高拱，长 10 ～ 15 cm，背面及腹面呈砂黄色，每枚盾片上具形态不规则的黑色斑，腹面黑色斑更为显著；头部，四肢及尾多呈黄褐色，四肢粗壮，指、趾均为 4 爪。

栖息于干旱的半沙漠草原、丘陵，掘穴而居。取食各种植物叶片及果实。国内仅分布于新疆西部，国外见于中亚及东欧地区。为我国的 I 级保护动物。

凹甲陆龟属 *Manouria*

1 凹甲陆龟 *Manouria impressa* （别名：麒麟陆龟、龟王）

头中等大小，其上覆鳞片，前额鳞 2 对，上喙略呈钩状，喙缘无细锯齿。成体背甲长 25 ～ 30 cm，前后缘呈锯齿状，椎盾和肋盾中央凹陷。背面及腹面呈浅黄褐色，每枚盾片边缘具黑褐色斑；头部黄色，伴以黑褐色杂斑；四肢及尾呈黑褐色，四肢粗壮呈柱状，覆有多列强角质大鳞，指 5 爪，趾 4 爪；尾短，末端有角质尖突。雌雄腹甲皆平坦。雌性尾短，基部较细；雄性尾相对较长，基部较粗，尾基两侧有 1 对角质强棘也明显大于雌性。

栖息于热带、亚热带地区高海拔山区。取食植物茎叶、果实、菌类等，偶见取食动物性食物。国内见于海南、广西、云南等省区。为我国的 II 级保护动物。

印支陆龟属 *Indotestudo*

2 缅甸陆龟 *Indotestudo elongata* （别名：象龟、黄头象龟、旱龟）

头中等大小，头顶覆盖成对的大鳞，前额鳞 1 对，上喙前端具 3 个尖突，喙缘具细锯齿。成体背甲长椭圆形，高拱，长 20 ～ 30 cm，背面及腹面呈黄色或黄绿色，每枚盾片上具形态不规则的黑色斑；头部黄色或黄绿色；四肢及尾多呈黄褐色，四肢粗壮，指 5 爪，趾 4 爪。雌龟腹甲平坦，尾短；雄性腹甲凹陷，尾相对更粗更长，尾末端有一爪状角质突也明显大于雌性。于发情期时，雌、雄眼周及鼻孔周围呈粉红色。

栖息于热带、亚热带地区温暖潮湿的丘陵、山区。取食各种植物叶片及果实，偶见取食动物性食物。国内分布于广西、云南两省区。为我国的 II 级保护动物。

地龟科 Geoemydidae

地龟科于世界范围内已记录约 70 种，目前可分为 2 个亚科，分别是地龟亚科（Geoemydinae）和木纹龟亚科（Rhinoclemmydinae），前者分布于亚洲，后者分布于中、南美洲。中国已报道 5 属 17 种。本手册收录 8 种。

拟水龟属 *Mauremys*

① 黄喉拟水龟 *Mauremys mutica* （别名：石金钱龟、石龟、柴棺龟）

头较小，头顶光滑，上喙有一"Λ"形缺刻，吻向内下侧斜切。成体背甲呈卵圆形，长 15 ~ 20 cm，雌性较雄性体型稍大，形状较扁平，中部隆起，中央具 1 条纵向嵴棱。背面呈棕黄色或深棕色等，腹面淡黄色，每枚盾片之上具黑色斑块；头背呈青橄榄色、灰橄榄色或黄绿色等，自眼眶后发出 1 条镶黑边的淡黄色纵条纹，沿鼓膜上缘延伸至颈部；颔下、颈下呈淡黄色；四肢背面、尾灰褐色。雌性尾细，泄殖腔孔位于背甲后缘之内，腹甲平坦，雄性尾粗且长，泄殖腔孔位于背甲后缘之外，腹甲具凹陷。

栖息于河流、湖泊、稻田、水塘等环境。杂食性，以动物性食物为主，取食小鱼、小虾等，亦取食水生植物。国内分布于江苏、安徽、浙江、湖北、湖南、福建、台湾、广东、海南、广西、云南等省区。野生种群为我国的 II 级保护动物。

❶ 乌龟 *Mauremys reevesii* （别名：草龟、金龟、金线龟、石板龟）

头中等大小，吻端向内侧下斜切。成体背甲呈卵圆形，雌性较雄性体型大，雌性背甲长 15 ~ 25 cm，雄性背甲长 12 ~ 16 cm，形状较扁平，中部隆起，其上具 3 条纵向嵴棱。背面颜色褐色、深褐色或黑褐色等；腹面棕黄色，其上具大块黑色斑，部分个体腹面完全呈黑色；头部橄榄绿色、灰黑色等，颈部两侧及颈下具黄绿色虫纹或短线纹；四肢背面、尾呈灰褐色。雌性尾细，泄殖腔孔位于背甲后缘之内；雄性尾粗且长，泄殖腔孔位于背甲后缘之外。成年雄性乌龟颜色趋于变深，部分老年个体通体黑色，人称"墨龟"。

栖息于河流、湖泊、稻田、水塘等环境。杂食性，以动物性食物为主，取食小鱼、小虾、田螺及动物尸体等，亦取食植物。国内分布较为广泛，文献记载见于北京、天津、河北、山东、河南、陕西、甘肃、江苏、上海、安徽、浙江、湖北、江西、湖南、福建、台湾、广东、香港、广西、四川、重庆、贵州、云南等省区。野生种群为我国的 II 级保护动物。

❷ 中华花龟 *Mauremys sinensis* （别名：珍珠龟、花龟、斑龟）

头较小，头顶光滑，上喙有一"Λ"形缺刻。成体背甲呈卵圆形，雌雄体型差异较大，雌性背甲长约 30 cm，雄性背甲长约 20 cm。形状较扁平，中部隆起，其上具 3 条纵向嵴棱，嵴棱于幼体时较为明显，老年个体嵴棱较不显。背面呈深栗色，腹面淡黄色，每枚盾片之上具黑色斑块；每枚缘盾具深褐色同心圆纹；头背深栗色，颈侧及颈下具多道黄绿色细纵纹，自吻端延伸至颈基；四肢背面、尾深栗色，其上亦有黄绿色细纵纹。雌性尾细，泄殖腔孔位于背甲后缘之内；雄性尾粗且长，泄殖腔孔位于背甲后缘之外。

栖息于池塘、流速较缓的河流等环境。杂食性，成体以素食为主，取食果实及水生植物等，亦捕食小鱼、蠕虫等。国内分布于江西、台湾、广东、海南、广西等省区。野生种群为我国的 II 级保护动物。

闭壳龟属 *Cuora*

❶ 黄缘闭壳龟 *Cuora flavomarginata* （曾用名：黄缘盒龟　别名：夹板龟、食蛇龟）

头中等大小，头背光滑，上喙微具钩。成体背甲长 10 ~ 17 cm，形状高隆，中央具 1 条黄色的嵴棱。背面深栗色，每枚盾片上具细密的同心圆纹，盾片中央颜色较浅，呈栗色，腹面黑色，边缘为黄色；背甲与腹甲间、胸盾与腹盾间以韧带相连，腹甲可以与背甲完全闭合；头背黄绿色，眼眶上有一道金黄色条纹，由细变粗延伸至头后部，形状略呈"L"形，头侧黄色，颊部及颌下橘黄色；四肢背面深褐色，尾褐色。雌性尾短，尾基部细，泄殖腔孔位于背甲后缘之内；雄性尾相对较长，尾基部粗，泄殖腔孔位于背甲后缘之外。

栖息于丘陵、山区近水源地且植被茂密之处，喜潮湿，多于雨后活动。杂食性，取食蚯蚓、蛞蝓、蠕虫等小型无脊椎动物及动物尸体，亦取食植物果实等。国内分布于河南、江苏、安徽、浙江、湖北、江西、湖南、福建、广东、台湾、重庆等省区。野生种群为我国的 II 级保护动物。

❷ 黄额闭壳龟 *Cuora galbinifrons* （曾用名：黄额盒龟）

头中等大小，头背光滑，上喙不具钩。成体背甲长 11 ~ 18 cm，形状高隆，中央具 1 道嵴棱。背面正中（椎盾及肋盾上部）以及周缘为褐色，两侧呈黄色，背面散布黑褐色碎杂纹；腹面纯黑色；背甲与腹甲间、胸盾与腹盾间以韧带相连，腹甲可以与背甲完全闭合；头部黄色，其上间杂不规则褐色斑；四肢背面深褐色，具黄色、橘黄色等杂斑，尾深褐色。雌性尾短，泄殖腔孔位于背甲后缘之内，背甲较宽；雄性尾相对较长，泄殖腔孔位于背甲后缘之外，背甲相对较窄。

栖息于山区近水源地且植被茂密之处。杂食性，取食蚯蚓、蛞蝓、蠕虫等小型无脊椎动物及动物尸体，亦取食植物果实等。国内分布于广西、海南两省区。野生种群为我国的 II 级保护动物。

① **锯缘闭壳龟** *Cuora mouhotii* （曾用名: 锯缘摄龟　别名: 八角龟、方龟）

　　头较宽大，眼较大，呈棕红色，鼓膜明显，吻端平截，上喙略微具钩。成体背甲长 15 cm 左右，呈棕黄色、棕红色等，形状呈方形，较高，其上具 3 道嵴棱，中央 1 道最为明显，在两侧嵴棱中间的背部平坦，背甲前缘略具锯齿，背甲后缘锯齿明显。腹面淡黄色，部分个体腹面盾片外缘具深色斑；背甲与腹甲之间，以及腹甲前叶与后叶之间以韧带相连，腹甲不能完全与背甲闭合；头部棕黄色或棕红色等，头侧具镶黑边的黄色虫纹；四肢背面、尾深褐色。雌性尾细短，泄殖腔孔位于背甲后缘之内，腹甲平坦；雄性尾粗且长，泄殖腔孔位于背甲后缘之外，腹甲略凹陷。

　　栖息于热带、亚热带山区森林，半水栖生活，喜阴凉潮湿环境。杂食性，取食各种植物果实，亦取食蚯蚓、蜗牛、昆虫等小型无脊椎动物。国内分布于湖南、广东、海南、广西、云南等省区。野生种群为我国的 II 级保护动物。

② **三线闭壳龟** *Cuora trifasciata* （别名: 金钱龟、红肚龟）

　　头中等大小，头背光滑，上喙略微具钩。成体背甲长 15 ～ 20 cm，最大可达 30 cm，形状较扁平，其上具 3 道嵴棱，中央 1 道最为明显。背面红褐色，嵴棱呈黑色，腹面黑褐色，边缘黄色；背甲与腹甲间，胸盾与腹盾间以韧带相连，腹甲可以与背甲完全闭合；头背黄色或橄榄黄色，自吻端经眼至颞部具由细至粗的黑褐色条纹，下颌上缘亦有黑褐色细条纹。雄性颈部、四肢、尾呈肉红色或橘红色，雌性则呈橄榄棕色。

　　栖息于山区近水源地且植被茂密之处。杂食性，取食蚯蚓、蛞蝓、蠕虫等小型无脊椎动物及动物尸体，亦取食植物果实等。国内分布于福建、广东、海南、香港、广西等省区。为我国的 II 级保护动物。

地龟属 *Geoemyda*

① 地龟 *Geoemyda spengleri* （别名: 枫叶龟、十二棱龟、黑胸叶龟）

头短小，吻尖而窄，吻端垂直向下，上喙具钩，眼睛大，雄性虹膜呈灰白色，雌性呈浅黄褐色。成体背甲长 10 cm 左右，呈黄褐色或橘红色，形状酷似叶片，较扁平，其上具 3 条纵向嵴棱，中央 1 条最为明显，背甲前后缘均具锯齿，后缘锯齿十分明显。腹面黄色，中央呈黑色；头部棕黄色或棕红色等，头侧具浅黄色条纹（海南所产个体头背具浅黄色虫纹，颊部白色，虹膜色深）；四肢背面、尾深褐色，其上散布红色、黑色斑纹。雌性尾短，泄殖腔孔位于背甲后缘之内，腹甲平坦；雄性尾粗且长，泄殖腔孔位于背甲后缘之外，腹甲略凹陷。

栖息于山区丛林近溪流、水塘之处，半水栖生活，喜阴凉潮湿环境。杂食性，取食蚯蚓、蛞蝓、昆虫等各种小型无脊椎动物，亦取食各种植物果实。国内分布于湖南、广东、海南、广西等省区。为我国的 II 级保护动物。

眼斑水龟属 *Sacalia*

② 四眼斑水龟 *Sacalia quadriocellata* （别名: 六眼龟）

头中等大小，头背光滑。成体背甲长约 15 cm，呈卵圆形，较扁平，中央有 1 条纵向嵴棱。背面褐色或深褐色，腹面淡黄色；头背橄榄绿色，无斑点，头后侧有 2 对前后紧密排列的眼斑，雌性眼斑呈黄绿色，雄性眼斑呈灰绿色，每个眼斑中央有 1 个小黑点；颈部具多道纵条纹，雌雄条纹颜色不同，雌性为黄色，雄性为粉红色；四肢背面、尾呈灰褐色。

栖息于山区溪流环境中。杂食性，取食各种果实等，亦捕食小鱼、小型无脊椎动物等。国内分布于广东、海南、广西等省区。野生种群为我国的 II 级保护动物。

泽龟科 Emydidae

　　泽龟科于世界范围内已记录约 50 种，目前可分为 2 个亚科，分别是泽龟亚科（Emydinae）和鸡龟亚科（Deirochelyinae）。除 2 种分布于欧洲、西亚以外，其余绝大多数种类分布于新大陆。中国本无该科物种分布，但受宠物贸易及放生活动影响，已有部分种类于我国形成归化或入侵种群，故予以介绍。

滑龟属 Trachemys

❶ 红耳龟密西西比亚种 *Trachemys scripta elegans* （别名: 巴西龟、密西西比红耳龟、红耳彩龟）

　　头中等大小，成体背甲呈椭圆形，形状较扁平，长 15 ~ 20 cm，雌性较雄性体型大。背面颜色由幼年到成年由浅至深，呈翠绿色、深绿色或墨绿色等，其上间杂黄绿色及黑褐色条纹；缘盾具深褐色同心圆纹；腹面浅黄色，每枚盾片之上具黑色斑块；头部墨绿色、深绿色等，间杂黄绿色条纹，两眼后方各有 1 道醒目的红色条斑；四肢背面、尾墨绿色，其上亦有黄绿色细条纹。雌性尾细，泄殖腔孔位于背甲后缘之内；雄性尾粗且长，泄殖腔孔位于背甲后缘之外。

　　栖息于池塘、河流、水库等多种水环境。杂食性，捕食小鱼、小虾等，亦取食水生植物。著名的观赏及食用龟类，原产于美国密西西比河及格兰德河流域，经由宠物贸易扩散至全球诸多水系，我国南方多个省份已发现入侵种群。该物种适应能力极强，与本地物种竞争食物、栖息地等生存要素，被世界自然保护联盟列为世界最危险的 100 个入侵物种之一，严禁将其放生于开放水域。

有鳞目 SQUAMATA

　　有鳞目是现存爬行类中最为繁盛的一支，其种类占现存爬行纲总数的96%以上，分布于除南极洲以外的各个大陆，有些种类还可完全生活于海洋之中。在传统分类系统中有鳞目可分为3个亚目，分别是蚓蜥亚目、蜥蜴亚目和蛇亚目，它们的共同特征是周身被以角质鳞片、泄殖腔孔呈横裂、雄性具有被称为"半阴茎"的成对交接器官。蚓蜥亚目仅有不足200种，多数种类不具四肢，形似蚯蚓，营半穴居生活。蜥蜴亚目现存约6 300种，足迹遍及除南极洲以外的各大洲，是有鳞目中形态分化最为多样的类群。蛇亚目现存3 600余种，是爬行纲最后演化出来的一个分支，也是最为特化的类群。蛇类最令人胆寒的特性莫过于有些种类可分泌致命的毒液，蛇毒为一类特化的蛋白质，可以破坏机体组织或神经系统，从而快速地杀死猎物，提高捕食效率。

蜥蜴亚目 Lacertilia

睑虎科 Eublepharidae

　　睑虎科于世界范围内已记录约36种，分布于亚洲、非洲及北美洲。中国已报道1属10种。本手册收录6种。

睑虎属 Goniurosaurus

1 蛛睑虎 *Goniurosaurus araneus* （别名: 越南睑虎）

　　成体全长18～22 cm，头体长略长于尾长。背面肉粉色，自头颈部至尾基具5道夹褐色边的浅肉粉色横纹，第一道横纹呈"U"形，后缘尖出，自颈后延伸至口角，第二至四道位于四肢之间，第五道位于尾基部。虹膜呈暗红色；头体背及四肢背面黑褐色，色斑数量较少。尾部具数道黑白相间的环纹。雄性具肛前孔18～22枚。

　　栖息于喀斯特地貌山地等环境。夜间活动，捕食各种小型无脊椎动物。国内分布于广西。

❶ 霸王岭睑虎 *Goniurosaurus bawanglingensis*

　　成体全长 16 ～ 20 cm，头体长略长于尾长。幼体时头背呈醒目的橙色，体背紫棕色，自头颈部至尾基部具 5 道外夹黑褐色边的橘黄色横纹，第一道横纹呈"U"形，后缘圆出，自颈后延伸至口角，第二至四道位于四肢之间，第五道位于尾基部，尾部具数道白色环纹。成体后头体背面出现更多黑褐色点斑，体色转为黄褐色，橘黄色横纹逐渐模糊，横纹上多有黑褐色点斑。虹膜呈红褐色，四肢长而纤细。尾部具数道黑白相间的环纹。雄性具肛前孔 37 ～ 46 枚。

　　栖息于花岗岩山地。夜间活动，捕食各种小型无脊椎动物。国内仅分布于海南。

❷ 海南睑虎 *Goniurosaurus hainanensis*

　　成体全长 15 ～ 17 cm，头体长略长于尾长。背面紫黑色，自头颈部至尾基具 4 道外夹黑褐色边的黄色横纹，第一道横纹呈"U"形，自颈后延伸至口角，后缘圆出，第二至三道位于四肢之间，第四道位于尾基部。虹膜呈深红色或暗红色；头体背及四肢背面散布不明显的黑褐色色斑；颈背及躯干背面粒鳞间均匀散布圆形或锥形的大疣鳞。四肢长而纤细。尾部具数道黑白相间的环纹。雄性具肛前孔 24 ～ 32 枚。

　　栖息于花岗岩及火山岩山地。夜间活动，捕食各种小型无脊椎动物。国内分布于海南。

❸ 凭祥睑虎 *Goniurosaurus luii* （别名: 蛤蚧王）

　　成体全长 17 ～ 20 cm，头体长略长于尾长。背面紫褐色，自头颈部至尾基具 5 道外夹黑褐色边的橘黄色横纹，第一道横纹呈"U"形，后缘尖出，自颈后延伸至口角，第二至四道位于四肢之间，第五道位于尾基部。虹膜呈橘红色；头体背及四肢背面散布细碎的黑褐色色斑；颈背及躯干背面粒鳞间均匀散布圆形或锥形的大疣鳞。四肢长而纤细。尾部具数道黑白相间的环纹。雄性具肛前孔 23 ～ 29 枚。

　　栖息于喀斯特地貌山地等环境。夜间活动，捕食各种小型无脊椎动物。国内分布于广西，国外见于越南。

① **荔波睑虎** *Goniurosaurus liboensis*

成体全长 18 ～ 20 cm，头体长略长于尾长。背面黄褐色，自头颈部至尾基具 5 道外夹黑褐色边的黄色横纹，第一道横纹呈“U”形，后缘尖出，自颈后延伸至口角，第二至四道位于四肢之间，第五道位于尾基部。虹膜呈暗红色；头体背及四肢背面散布较大的黑褐色色斑；颈背及躯干背面粒鳞间均匀散布圆形或锥形的大疣鳞。四肢长而纤细。尾部具数道黑白相间的环纹。雄性肛前孔 23 ～ 28 枚。

栖息于喀斯特地貌山地等环境。夜间活动，捕食各种小型无脊椎动物。仅分布于贵州。

② **英德睑虎** *Goniurosaurus yingdeensis*

成体全长 16 ～ 18 cm，头体长略长于尾长。背面黄褐色，自头颈部至尾基具 4 道外夹黑褐色边的黄色横纹，第一道横纹呈“U”形，后缘圆出，自颈后延伸至口角，第二至四道位于四肢之间，第五道位于尾基部。虹膜灰白色，靠近瞳孔处呈红褐色；头体背及四肢背面散布较大的黑褐色色斑；颈背及躯干背面粒鳞间均匀散布圆形或锥形的大疣鳞。四肢长而纤细。尾部具数道黑白相间的环纹。雄性肛前孔 10 ～ 13 枚，部分雌性具不明显的肛前孔。

栖息于喀斯特地貌山地等环境。夜间活动，捕食各种小型无脊椎动物。仅分布于广东北部。

球趾虎科 Sphaerodactylidae

球趾虎科于世界范围内已记录约 214 种，分布于亚洲中西部、欧洲南部、非洲北部及北美洲、南美洲。中国已报道 1 属 3 种。本手册收录 2 种。

沙虎属 *Teratoscincus*

③ **新疆沙虎** *Teratoscincus przewalskii* （曾用名：西域沙虎）

体较短粗，成体全长 10 ～ 15 cm，头体长长于尾长，为尾长的 1.5 ～ 1.8 倍。背面沙黄色，颈后有一黑褐色“U”形纹，体背至尾具 8 ～ 9 条深褐色横纹，体侧散布深褐色点斑。头大，眼大，头背覆细密粒鳞，自肩部以下体背覆瓦状鳞。

栖息于戈壁沙地或耕地附近的沙地砾石地，掘穴而居。夜间活动，捕食各种小型无脊椎动物。国内分布于内蒙古、甘肃、新疆等省区。

①　伊犁沙虎 *Teratoscincus scincus*

体较短粗，成体全长约 20 cm，头体长长于尾长，约为尾长的 1.3 倍。背面黄褐色，体背具 6～9 条褐色或黑褐色横斑。与新疆沙虎的主要区别在于：体背的覆瓦状大鳞前达枕部。

栖息于具稀疏灌丛的沙地砾石地。夜间活动，捕食各种小型无脊椎动物。国内分布于新疆。

壁虎科　Gekkonidae

壁虎科世界性广布，已记录 1 100 余种。中国已报道 10 属 39 种。本手册收录 16 种。

细趾虎属　*Tenuidactylus*

②　长细趾虎 *Tenuidactylus elongatus*　（曾用名：长裸趾虎）

体纤细，成体全长 10～15 cm，尾长约为头体长的 1.4 倍。背面灰褐色，自颈部至尾基部约具 6 道较宽的褐色横斑，四肢背面及尾背亦具横斑。体背面具大量具棱大疣鳞。四肢细长，行动较为敏捷。

栖息于荒漠、半荒漠地区，掘穴而居。捕食各种小型无脊椎动物。国内分布于内蒙古、甘肃、新疆等省区。

中趾虎属　*Mediodactylus*

③　灰中趾虎 *Mediodactylus russowii*　（曾用名：灰弯脚虎）

成体全长一般不足 10 cm，尾长略长于头体长。背面灰色或灰褐色，其上具有数道近"M"形的灰褐色斑纹。体背散布大量疣鳞，尾部疣鳞呈棘状，大而明显。

栖息于风积沙丘周围，地表植物稀少的盐碱地。捕食各种小型无脊椎动物。国内见于新疆北部。

弓趾虎属 *Cyrtodactylus*

① 西藏弓趾虎 *Cyrtodactylus tibetanus*

体小而敦实，成体全长约 10 cm，头体长略长于尾长。头背面被平滑的粒鳞，背面呈灰色或灰褐色，自颈部至尾末具数道边缘模糊的褐色横斑，头体及四肢背面亦具褐色点斑。四肢细小，尾部较粗。

栖息于多砾石山坡，捕食各种小型无脊椎动物。国内分布于西藏。

漠虎属 *Alsophylax*

② 隐耳漠虎 *Alsophylax pipiens*

体纤小，成体全长 5 ～ 8 cm，尾约与头体等长。背面沙灰色，体尾背面具多道灰褐色横斑。体背散布圆形疣鳞。耳孔极小，肉眼不易看到。

栖息于戈壁的大石下或洞穴中。昼伏夜出，捕食各种小型无脊椎动物。在国内分布于新疆、内蒙古、宁夏、甘肃等省区，国外见于中亚地区。

③ 新疆漠虎 *Alsophylax przewalskii*

体纤小，成体全长 5 ～ 8 cm，尾约与头体等长。与隐耳漠虎近似，区别在于：在鼻孔边缘有 1 枚较小的副鼻鳞；头体背面沙黄色，有 1 对浅色纵纹自吻端经眼至尾部，浅色纵纹外侧颜色较深，呈黄褐色。

栖息于西部胡杨林及具稀疏灌丛沙地。国内仅分布于新疆。

蜥虎属 *Hemidactylus*

1 原尾蜥虎 *Hemidactylus bowringii* （地方名: 檐蛇、盐蛇）

体较扁平，成体全长约 10 cm，尾长略长于头体长。背面浅肉色或浅黄褐色，体背具浅褐色纵纹，纵纹间具多道浅褐色横纹，纵纹与横纹的连接处常有显著的深色点斑，尾背亦具多道浅褐色横纹，腹面浅肉色。体背、尾背及尾侧被以大小均一的粒鳞。颏片 2 对，内侧 1 对比后外侧 1 对大得多。指、趾中等扩展，指、趾间无蹼。尾呈圆柱形，无疣棘刺，侧缘亦无锯缘。

栖息于墙缝、屋檐、树洞、石隙等处，常见于人类活动区。夜间活动，捕食由灯光吸引来的各种蚊虫。国内分布于福建、广东、海南、广西、四川、云南等省区。

2 疣尾蜥虎 *Hemidactylus frenatus*

体较扁平，成体全长约 10 cm，尾长略长于头体长。背面灰褐色或黄褐色等，体背具模糊的浅褐色横斑。体背粒鳞间具少量疣鳞。颏片 2 对，大小基本相等。尾呈圆柱形，尾鳞分节排列，各节后缘的每侧均具 3 个大而尖的疣鳞，这些疣鳞排列成 6 纵行。

栖息于墙缝、屋檐、树洞、石隙等处。夜间活动，捕食各种小型无脊椎动物。国内分布于台湾、广东、海南、云南等省区。

3 宽尾蜥虎 *Hemidactylus platyurus* （曾用名: 蝎虎）

体较扁平，成体全长约 10 cm，尾长略长于头体长。背面灰褐色，从吻端经眼至耳孔有 1 道深褐色纵纹，体尾背面具多道不规则的深褐色横斑，四肢及尾背亦具深褐色横斑。颏片 2 对，内侧 1 对特大；体侧有皮褶自腋下至鼠蹊部，后肢后缘具宽且呈三角形的皮褶；尾巴扁平呈披针形，基部收缩，两侧具栉状缘。

栖息于墙缝、屋檐、树洞、石隙等处。夜间活动，捕食各种小型无脊椎动物。国内分布于广东、西藏，国外广泛分布于东南亚地区。

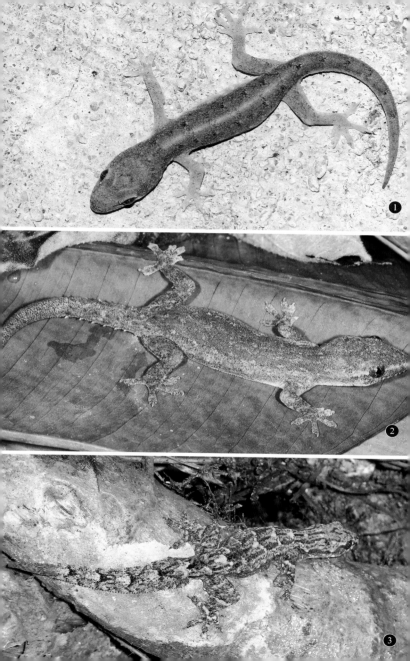

壁虎属 *Gekko*

① 中国壁虎 *Gekko chinensis*

　　体较扁平，成体全长 10 ~ 15 cm，尾与头体长度基本相当。背面常见浅灰褐色，自吻部经眼至耳孔有 1 道断续的褐色纵纹，体背面具数道形状不规则的褐色横斑，横斑两两之间常呈浅色三角形或菱形色斑；四肢及尾背面亦具褐色横斑；色斑变异幅度较大，部分个体色斑较浅。体背覆以粒鳞，自枕部到尾基体背散布疣鳞；尾基肛疣每侧 1 个；雄性具肛前孔及股孔 17 ~ 27 个；指、趾间具蹼，蹼缘达指、趾的 1/2 或 1/3 部。

　　栖息于民房屋檐下、墙缝中。夜晚出没，捕食各种小型无脊椎动物。国内分布于福建、广东、海南、香港、广西、云南等省区。

② 多疣壁虎 *Gekko japonicus*

　　体较扁平，成体全长 10 ~ 15 cm，尾与头体长度基本相当。常见背面呈灰褐色，从吻端经眼至耳孔有 1 道深褐色纵纹，体背面具 5 ~ 7 道较宽的深褐横斑，四肢及尾背亦具深褐色横斑；色斑变异幅度较大，部分个体色斑较浅。体背覆以较小的粒鳞，体背面及四肢背面散布疣鳞，其中体背中线疣鳞较为密集；尾基肛疣每侧 3 个；雄性具肛前孔 4 ~ 8 个，多数为 6 个；指、趾间具蹼迹。

　　栖息于平原、丘陵地区，活动于民房屋檐下、墙缝中。国内分布于江苏、上海、安徽、浙江、湖北、江西、福建、广西等省区，国外见于朝鲜和日本。

③ 铅（yán）山壁虎 *Gekko hokouensis*

　　体较扁平，成体全长 10 ~ 15 cm，尾与头体长度基本相当。体型和色斑与多疣壁虎相似，主要区别在于：尾基肛疣每侧 1 个；雄性具肛前孔 5 ~ 9 个；体背中线疣鳞较为稀疏，四肢背面无疣鳞。

　　栖息于丘陵山区，多见于民房屋檐下、墙缝中。国内分布于江苏、上海、安徽、浙江、江西、湖南、福建、台湾等省区。

① **梅氏壁虎** *Gekko melli*

体较扁平，成体全长 12～15 cm，尾与头体长度基本相当。背面灰褐色或黄褐色等，从吻端经眼至耳孔有 1 道深褐色纵纹，自头后至尾基部具多道深褐色"W"形斑纹，四肢背面具浅褐色横斑，尾背面具多道深褐色斑纹，色斑变异幅度较大。体背覆以均一粒鳞，无疣鳞。尾基肛疣每侧 1 个；雄性具肛前孔 9～11 个。指、趾间具蹼，蹼缘达指、趾的 1/3 部。

栖息于平原及丘陵，多见于民房屋檐下、墙缝中。夜晚出没，捕食各种小型无脊椎动物，仅分布于江西和广东。

② **蹼趾壁虎** *Gekko subpalmatus*

体较扁平，成体全长 10～15 cm，尾与头体长度基本相当。背面灰褐色或黄褐色等，从吻端经眼至耳孔有 1 道深褐色纵纹，头背具深褐色色斑，体背具有 4～6 道较宽的深褐横斑，四肢及尾背亦具深褐色横斑。体背覆以均一粒鳞，无疣鳞。尾基肛疣每侧 1 个；雄性具肛前孔 5～11 个。指、趾间具蹼，蹼缘达指、趾的 1/3 部或更少。

栖息于丘陵山区，多见于民房屋檐下、岩缝中。夜晚出没，捕食各种小型无脊椎动物。国内分布于浙江、江西、福建、广东、海南、香港、广西、四川、贵州、云南等省区。

1 无蹼壁虎 *Gekko swinhonis*

体较扁平，成体全长 10 ~ 15 cm，尾与头体长度基本相当。背面常见浅灰褐色、灰褐色、瓦灰色等，多数个体自吻部经眼至耳孔有 1 道断续的褐色纵纹，体背面具数道形状不规则的褐色横斑；四肢及尾背面亦具褐色横斑。体背覆以粒鳞，间杂少量不易区分出的疣鳞。尾基肛疣每侧 2 ~ 3 个，雄性具肛前孔 6 ~ 10 个。指、趾间无蹼。

栖息于平原及丘陵地区，多见于民房屋檐下、墙缝中。夜晚出没，捕食各种小型无脊椎动物。分布于辽宁、北京、天津、河北、山西、山东、河南、陕西、甘肃、江苏、上海、安徽、浙江等省区。

2 黑疣大壁虎 *Gekko reevesii* （别名：岩栖大壁虎、岩栖壁虎、蛤蚧）

体大而粗壮，较扁平，成体全长 25 ~ 35 cm，头体长略长于尾长。背面蓝灰色、灰褐色或灰绿色等，体尾背面具多道明显的褐色横纹，其上散布褐色、红褐色及灰白色圆形疣粒。头部大而扁平，略呈三角形，头背具红褐色及灰白色点斑。尾基肛疣每侧 1 ~ 4 个，呈锥形；雄性具肛前孔 13 ~ 20 个。

栖息于雨林边缘石灰岩地带，多隐于岩缝或民房屋檐下。夜间活动，捕食各种小型无脊椎动物，亦捕食小型壁虎。国内分布于福建、广东、广西、云南，国外见于越南北部。

截趾虎属 *Gehyra*

3 截趾虎 *Gehyra mutilata*

体较扁平，成体全长约 10 cm，头体长及尾长近乎相等。背面肉色或浅灰色，背面具不规则的浅褐色斑及一纵列成对的小圆斑。指、趾基部具微蹼，最内侧的指、趾非常小，且没有爪。成体基部向两侧突然膨大，向后渐细，尾侧缘具一些齿状小鳞。

栖息于墙缝、屋檐、树洞、石隙等处。夜间活动，捕食各种小型无脊椎动物。国内分布于台湾、海南、云南等省区。

石龙子科 Scincidae

石龙子科世界性广布，已记录 1 600 余种，为蜥蜴亚目第一大科。中国已报道 9 属 41 种。本手册收录 17 种。

蜓蜥属 *Sphenomorphus*

① 铜蜓蜥 *Sphenomorphus indicus*　（别名：印度蜓蜥、铜石龙子）

小型蜥蜴，成体全长约 20 cm，尾长为头体长的 1.5 ～ 2 倍。背面光滑无棱，呈古铜色，其上具细碎黑褐色点斑；自眼后沿体侧至胯部有 1 道黑褐色纵带，纵带边缘较为平齐；腹面灰白色。吻端不下陷。眼睑发达，下眼睑被细鳞。四肢较为短小纤细。

栖息于平原、丘陵、山区多草木、大石、灌丛处。捕食各种小型无脊椎动物。我国分布广泛，秦岭—淮河以南省区多有分布。

② 股鳞蜓蜥 *Sphenomorphus incognitus*

小型蜥蜴，成体全长约 20 cm，尾长为头体长的 1.4 ～ 1.8 倍。背面光滑无棱，呈橄榄褐色或古铜色，其上具细碎黑褐色点斑。色斑、习性与铜蜓蜥相仿，主要区别在于：股后外侧有一团大鳞；体侧黑褐色纵带较为模糊，边缘较不平齐；腹面黄色。

栖息于丘陵、低山近水源林地。捕食各种小型无脊椎动物。国内分布于湖北、福建、台湾、广东、海南、香港、广西、云南等省区。

③ 北部湾蜓蜥 *Sphenomorphus tonkinensis*

小型蜥蜴，体型细小，成体全长约 10 cm，尾长为头体长的 1.3 ～ 1.4 倍。背面光滑无棱，呈黄褐色，体背正中具排成一纵列的黑褐色斑点；自眼后沿体侧至尾部有 1 道黑褐色纵带，纵带不连续；腹面呈奶黄色；四肢背面深褐色，具灰白色点斑。

栖息于低海拔热带、亚热带常绿阔叶林的森林地表。国内分布于江西、广东、海南、广西等省区，国外分布于越南北部。

石龙子属 *Plestiodon*

① 中国石龙子 *Plestiodon chinensis* （地方名：狗婆蛇、猪婆蛇）

小型蜥蜴，体型较本属其他种较粗壮，成体全长 20 ~ 30 cm，尾长约为头体长的 1.5 倍。幼体与成体色斑差异较大，幼体体背黑褐色，体背具有 3 道黄白色纵纹自头部延伸至尾部，体两侧具连续或不连续的黄白色纵纹，尾呈蓝色。易与蓝尾石龙子和黄纹石龙子幼体相混淆，主要区别在于：中国石龙子体背纵纹多不完全连缀呈线；体背正中 1 道纵纹在头背部无分叉或分叉的纹路不明显。随年龄增长体背纵纹及尾部蓝色逐渐暗淡，体色逐渐转为灰褐色。成体头部较宽大，背面灰褐色，体侧呈黄褐色并伴有不规则的红棕色色斑，有时另具稀疏黑色色斑。

栖息于平原、丘陵、山区路旁多杂草灌木处。捕食各种小型无脊椎动物。国内分布非常广泛，秦岭—淮河以南大部分省份多有分布，还见于山东和辽宁旅顺。

② 蓝尾石龙子 *Plestiodon elegans* （地方名：丽纹石龙子）

小型蜥蜴，成体全长 15 ~ 20 cm，尾长为头体长的 1.5 ~ 1.7 倍。幼体与成体色斑差异较大，幼体体背黑褐色，体背有 5 道浅黄色纵纹自头部延伸至尾中前部，体背正中 1 道纵纹在头背部有明显的分叉。腹面灰白色，尾部为鲜艳的亮蓝色。随年龄增长体背纵纹及尾部蓝色逐渐暗淡。成体后背面黄褐色，体背纵纹模糊或消失，体两侧具红棕色侧纹，尾蓝色逐渐消失，与体同色，后颏鳞 1 枚。

栖息于山区阳坡多杂草灌丛处，常见匍匐于山区路旁晒太阳，如遇惊扰迅速钻入路旁草丛中。捕食各种小型无脊椎动物。国内分布非常广泛，秦岭—淮河以南大部分省份多有分布。

1 黄纹石龙子 *Plestiodon capito*

小型蜥蜴，成体全长 15 ~ 20 cm，尾长为头体长的 1.5 ~ 1.7 倍。体型、色斑、习性与蓝尾石龙子甚为相似，主要区别在于：后颏鳞 2 枚；成体后体两侧纵纹呈褐色，边缘较为平直。

栖息于山区阳坡多杂草灌丛处。分布范围较蓝尾石龙子偏北，国内主要见于辽宁、北京、天津、河北、河南、陕西、甘肃、宁夏、湖北、四川等省区。

2 四线石龙子 *Plestiodon quadrilineatus*

小型蜥蜴，成体全长约 20 cm，尾长为头体长的 1.5 ~ 1.7 倍。背面黑褐色，体背及体侧共具 4 道浅黄色纵纹，自头部延伸至尾中前部；尾部为鲜艳的亮蓝色。幼体与成体色斑差异不大，成体后背面纵纹相对较浅，头吻部呈红棕色。背中部两行鳞片显著大于相邻鳞片。

栖息于热带、亚热带多林木、灌丛的山区。捕食各种小型无脊椎动物。国内分布于广东、海南、香港、广西等省区。

3 大渡石龙子 *Plestiodon tunganus*

小型蜥蜴，体较粗壮，成体全长约 15 cm，尾长为头体长的 1.5 ~ 1.7 倍。成体背面黄褐色，背面鳞片边缘色深；头侧及颈部多呈肉红色。幼体体背色深，具 5 道浅色纵纹，尾部呈天蓝色，随年龄增长体色逐渐转为统一的黄褐色。

栖息于干热河谷多碎石荒坡。国内仅见于四川西部。

南蜥属 *Eutropis*

① 长尾南蜥 *Eutropis longicaudata*

中小型蜥蜴，成体全长 25 ~ 35 cm，尾长为头体长的 2 倍以上。背面古铜色，部分个体间杂黑斑。体两侧各有 1 道深褐色侧纹，自眼后延伸至尾部，侧纹于幼体时尤为显著。腹面绿黄色。每一枚背鳞有 2 ~ 3 条明显的纵棱。

栖息于多灌丛草木的丘陵、山区。捕食各种小型无脊椎动物。我国分布于台湾、广东、海南、香港、云南等省区。

② 多线南蜥 *Eutropis multifasciata* （地方名：狗马蛇、滑龙）

中小型蜥蜴，成体全长 20 ~ 30 cm，尾长约为头体长的 1.5 倍。背面古铜色，部分个体间杂黑斑，或黑斑连缀成行。体两侧各有 1 道棕红色侧纹，自眼后延伸至尾部，部分个体体侧亦间杂黑色、白色色斑。腹面白色，咽喉部橘黄色。每一枚背鳞有 3 ~ 5 条明显的纵棱。

易混淆物种：中国石龙子。

栖息于多灌丛草木的丘陵、山区。捕食各种小型无脊椎动物。我国分布于广东、海南、云南等省区，台湾地区已存在归化种群。

滑蜥属 *Scincella*

① 宁波滑蜥 *Scincella modesta*

小型蜥蜴，体型小而细长，成体全长 12 ～ 15 cm。尾长为头体长的 1.2 ～ 1.4 倍。背面古铜色，散布零星的黑褐色点斑或线纹，体两侧各有 1 道黑褐色纵纹，自吻端延伸至尾部；腹面灰白色。四肢短小纤细，前后肢贴体相向时，指、趾不相遇。耳孔呈卵圆形，前缘无瓣突，小于眼径，大于下眼睑窗。通体鳞片光滑，背鳞为体侧鳞宽的 2 倍。无上鼻鳞，左右前额鳞互不相接。

滑蜥属鉴别较为困难，主要依据鳞背差异、四肢长短比例、耳孔前缘有无耳孔瓣突及分布范围等，且易与蜓蜥属（*Sphenomorphus*）物种相混淆，两属主要区别在于：滑蜥下眼睑具透明的睑窗，蜓蜥下眼睑被鳞，无睑窗；滑蜥躯体较蜓蜥更细长且吻部相对短钝。

栖息于向阳山坡多碎石处。白昼活动，以各种小型无脊椎动物为食。我国分布范围广泛，见于辽宁、北京、天津、河北、河南、江苏、上海、安徽、浙江、湖北、江西、湖南、福建、香港、四川等省区。

② 山滑蜥 *Scincella monticola*

小型蜥蜴，体型小而细长，成体全长 12 ～ 15 cm，尾长为头体长的 1 ～ 1.6 倍。色斑、习性与宁波滑蜥相仿，主要区别在于：背面多呈纵行黑点；四肢短小，前后肢贴体相向时，指、趾绝不会相遇；腹面灰黑色。

栖息于丘陵及高海拔山地。国内分布于四川、云南。

③ 桓仁滑蜥 *Scincella huanrenensis*

小型蜥蜴，体型小而细长，成体全长 10 ～ 15 cm，尾长为头体长的 1 ～ 1.2 倍。色斑、习性与宁波滑蜥相仿，主要区别在于：体侧纵纹上缘较平直；四肢极短小，前后肢贴体相向时，指、趾相距约等于前肢长度；下唇鳞 6 枚。

栖息于向阳山坡多碎石处。白昼活动，以各种小型无脊椎动物为食。国内仅分布于辽宁东北部。

1 南滑蜥 *Scincella reevesii*

小型蜥蜴，体型小而细长，成体全长 10 ~ 15 cm，尾长为头体长的
1.2 ~ 1.7 倍。色斑、习性与宁波滑蜥相仿，主要区别在于：左右前额鳞相
接；背鳞大小等于或略大于体侧鳞片；前后肢贴体相向时，指、趾端相遇；
体两侧黑褐色纵纹下常具红色纵纹。

栖息于低山阳坡多草堆乱石处。白昼活动，捕食各种小型无脊椎动物。
国内分布于广东、海南、香港、广西、四川等省区。

棱蜥属 *Tropidophorus*

2 中国棱蜥 *Tropidophorus sinicus*

小型蜥蜴，成体全长约 10 cm，头体长与尾长比例约为 1 : 1。背面深
褐色，具黄色及黑褐色的块状色斑，体侧面具较小的黄色或白色圆斑，唇
鳞间杂细碎白斑。体背及体侧鳞片强烈起棱。

常见于水边活动，栖息于多苔藓多碎石的山涧溪流附近。白昼隐于落
叶或石块下，夜晚活动，捕食昆虫、钩虾、蠕虫等小型无脊椎动物。国内
分布于广东、香港、广西等省区。

光蜥属 *Ateuchosaurus*

3 光蜥 *Ateuchosaurus chinensis*

小型蜥蜴，成体全长 12 ~ 20 cm。体型较粗壮，四肢短小，尾与头体
几乎等长。背面鳞片呈覆瓦状排列，较为光滑。体背呈红棕色，尾颜色较
体背颜色深，多呈褐色。颈部两侧具 1 道黑褐色色斑，体尾侧面散布众多
白色和黑色的圆形点斑。易混淆物种：多线南蜥、中国石龙子。

栖息于低山多植被地区，于落叶层中觅食各种小型无脊椎动物。国内
分布于江西、福建、广东、海南、广西、贵州等省区，国外分布于越南。

岛蜥属 *Emoia*

① **岩岸岛蜥** *Emoia atrocostata*

小型蜥蜴，成体全长约 20 cm，尾长为头体长的 1.4 ~ 1.8 倍。吻部较尖，下眼睑具透明睑窗。体背深灰褐色，其上间杂斑驳的黑褐色碎斑；体侧具黑褐色纵带，纵带边缘较不平齐，并多间杂浅色斑点。

栖息于海边潮间带多礁石处。以海岸边各种小型无脊椎动物为食。国内见于台湾，国外分布于日本、新加坡、菲律宾、印度尼西亚、巴布亚新几内亚、澳大利亚及诸多太平洋岛国。

蜥蜴科 Lacertidae

蜥蜴科于世界范围内已记录约 323 种，广泛分布于古北界。中国已报道 4 属 28 种。本手册收录 14 种。

草蜥属 *Takydromus*

② **黑龙江草蜥** *Takydromus amurensis*

小型蜥蜴，体形细长，成体全长 20 ~ 25 cm，尾长为头体长的 2 倍以上。体尾背面灰褐色，头背及体侧深褐色，体背与体侧相交处有锯齿状花纹，腹面灰白色。颏片 4 对，鼠蹊孔 3 对，少数 4 对。

栖息于丘陵、山区多草丛灌丛处及村庄附近柴火垛等环境。国内仅见于黑龙江、吉林、辽宁。

1 北草蜥 *Takydromus septentrionalis*

小型蜥蜴，体型细长，成体全长 25 ~ 30 cm，尾长为头体长的 2 ~ 3 倍。头小而略尖。背面橄榄褐色，体背鳞片大而起棱，通常中段为 6 纵行。部分个体体背外侧各具 1 条镶黑边的白色纵纹，自颈后延伸至尾部。成年雄性体侧常呈草绿色，偶见间杂深色色斑。腹面灰白色，具起棱大鳞 8 纵行。颌片 3 对，鼠蹊孔 1 对。

栖息于山区多草丛灌木处。白昼活动，捕食各种小型无脊椎动物。国内分布较为广泛，见于山东、河南、陕西、甘肃、江苏、上海、安徽、浙江、湖北、江西、湖南、福建、广东、广西、重庆、四川、贵州、云南等省区。

2 南草蜥 *Takydromus sexlineatus*

小型蜥蜴，体型细长，成体全长 20 ~ 25 cm，尾长为头体长的 3 ~ 4 倍。背面橄榄褐色或棕红色。易与北草蜥相混淆，主要区别在于：背面中段具起棱大鳞 4 纵行；尾占全长比例更大，至少为头体长的 3 倍以上。颌片 3 对，鼠蹊孔 1 对。在我国分布的南草蜥为南草蜥眼斑亚种（*T. sexlineatus ocellatus*），其体侧具零散分布的镶黑边的小圆斑。

栖息于山区多草丛灌木处。白昼活动，捕食各种小型无脊椎动物。国内分布于浙江、湖南、福建、广东、海南、广西、贵州、云南等省区。

3 白条草蜥 *Takydromus wolteri*

小型蜥蜴，体型细长，成体全长约 20 cm，尾长约为头体长的 2 倍。背面橄榄褐色、黄褐色、灰褐色等。易与北草蜥相混淆，主要区别在于：体背外侧各具 1 条白色纵纹，自头颈部延伸至尾部；其体两侧也各具 1 条白色纵纹，自鼻孔后缘延伸至尾部；尾占全长比例较小，不超过头体长的 2.5 倍。颌片 4 对，鼠蹊孔 1 对。

栖息于山区多草丛灌木处。白昼活动，捕食各种小型无脊椎动物。国内分布于黑龙江、吉林、辽宁、江苏、安徽、湖北、江西、湖南、福建、重庆、四川等省区。

1 **峨眉草蜥** *Takydromus intermedius* （曾用名：峨眉地蜥）

　　小型蜥蜴，体型细长，成体全长 15 ~ 20 cm，尾长不足头体长的 3 倍。背面黄褐色、深褐色等。易与北草蜥相混淆，主要区别在于：自吻端沿体侧至胯部有 1 条白色纵纹，腹面浅绿色。颔片 4 对，鼠蹊孔 2 对（少数 3 对）。

　　栖息于山区多草丛灌木处。白昼活动，捕食各种小型无脊椎动物。国内分布于湖南、福建、重庆、四川、贵州、云南等省区。

2 **崇安草蜥** *Takydromus sylvaticus* （曾用名：崇安地蜥）

　　小型蜥蜴，体型细长，成体全长约 20 cm，尾长为头体长的 3 倍以上。背面翠绿色，自吻端沿体侧至胯部有 1 条白色纵纹；腹面浅绿色。颔片 4 对，鼠蹊孔 3 对。

　　栖息于山区多草丛灌木处。白昼活动，捕食各种小型无脊椎动物。国内分布于安徽、浙江、江西、福建、广东等省区。

麻蜥属 *Eremias*

3 **丽斑麻蜥** *Eremias argus* （地方名：马蛇子）

　　小型蜥蜴，成体全长 10 ~ 15 cm，尾长为头体长的 1.2 ~ 1.3 倍。背面黄褐色或浅褐色，背上及肋部有数行纵向排列的白色小圆斑，圆斑周围镶黑褐色边；腹面黄白色。额鼻鳞 2 枚；眶下鳞不伸入上唇鳞之间。

　　栖息环境极为多样，平原、丘陵、河谷、低山向阳面皆可见其踪影，还可见其在村舍内沙土堆挖掘洞穴。捕食各种小型无脊椎动物。我国分布广泛，秦岭 - 淮河以北大部分省区多有分布。

1 敏麻蜥 *Eremias arguta*

小型蜥蜴，成体全长 10 ~ 15 cm，头体长与尾长比例约为 1 ：1。头较短宽，吻钝圆。色斑、习性与丽斑麻蜥相仿，主要区别在于：体形较为敦实，尾较短。背面及肋部小圆斑排列间距较大，圆斑周围黑褐色边面积较大。额鼻鳞单枚。

栖息于荒漠草原、干旱河谷、低山丘陵阳坡等环境。捕食各种小型无脊椎动物。国内见于新疆西北部，国外分布于中亚及东欧国家。

2 山地麻蜥 *Eremias brenchleyi* （地方名：马蛇子、四蛇子）

小型蜥蜴，成体全长 10 ~ 15 cm，尾长约为头体长的 1.5 倍。色斑、习性与丽斑麻蜥相仿，主要区别在于：尾较细长；体两侧各有 1 道深褐色纵带；雄性体两侧另各具 1 道红褐色纵带；幼体尾部呈蓝灰色，随年龄增长逐渐褪去。眶下鳞伸入上唇鳞之间并达口缘。

栖息于低山丘陵、多岩砾山坡阳面。捕食各种小型无脊椎动物。我国分布广泛，秦岭—淮河以北大部分省区多有分布。

3 密点麻蜥 *Eremias multiocellata*

小型蜥蜴，成体全长 10 ~ 15 cm，尾长为头体长的 1.2 ~ 1.4 倍。背面黄褐色或灰黄色，体背有数列黄白色小圆斑连缀而成的纵纹，纵纹两两之间由暗色纵纹相隔，体侧 1 列圆斑通常较大，或间杂镶黑褐色边的黄色或蓝绿色圆斑；四肢背面黄褐色，其上散布黄白色斑点。

栖息于荒漠草原及荒漠。捕食各种小型无脊椎动物。国内见于辽宁、内蒙古、陕西、宁夏、甘肃、青海、新疆等省区。

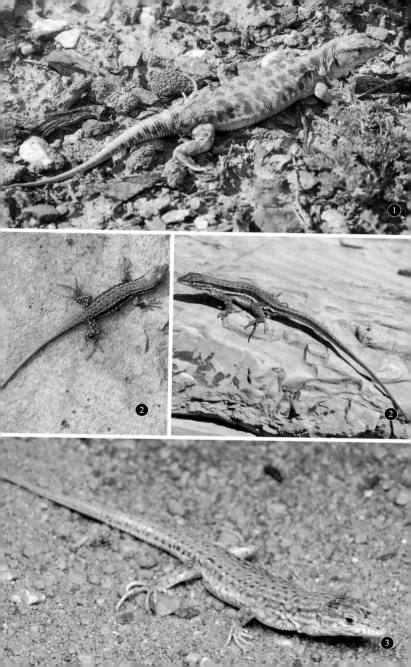

1 快步麻蜥 *Eremias velox*

小型蜥蜴，成体全长 12 ～ 18 cm，尾长为头体长的 1.7 ～ 2 倍。吻较尖。背面黄褐色或浅褐色，幼体背面具 5 道明显的黑褐色纵纹，自颈后延伸至尾基；四肢背面黑褐色，上有黄色圆形斑点。成年雌性色斑与幼蜥较为相似。成年雄性背面具数列黑褐色点斑，体背侧面具纵向排列的白色和灰蓝色小圆斑，圆斑周围镶黑褐色边；四肢背面黄褐色，其上散以黑褐色斑点。

栖息于荒漠、荒漠草原等环境。捕食各种小型无脊椎动物。国内分布于内蒙古、甘肃、新疆等省区。

2 虫纹麻蜥 *Eremias vermiculata*

小型蜥蜴，成体全长约为 15 cm，尾长约为头体长的 2 倍。吻较窄长。背面沙黄色；头体及尾背上具黑褐色小点及蠕虫状条纹；四肢背面黑褐色，上有黄色圆形斑点；腹面为白色。

栖息于长有稀疏灌丛的荒漠沙地或荒漠戈壁的乱石间，掘穴于灌木根部。捕食各种小型无脊椎动物，亦有记录取食黑果枸杞等浆果。国内分布于内蒙古、宁夏、甘肃、青海、新疆等省区，国外分布于蒙古及哈萨克斯坦。

蜥蜴属 *Lacerta*

3 捷蜥蜴 *Lacerta agilis*　(别名: 棋盘蜥、翡翠蜥)

小型蜥蜴，成体全长约 20 cm，尾长为头体长的 1.4 ～ 1.8 倍。雌雄性二型明显，雄性头较宽大，背面翠绿色，散以形状不规则的黑褐色斑块，体背正中斑块较大，体两侧斑块相对较零碎，亦有见通体翠绿的无斑个体；雌性背面灰褐色，体背色斑与雄性基本相同。耳孔较大，鼓膜裸露。

栖息环境多样，多见于较为干燥的草原、森林、低山等环境。捕食各种小型无脊椎动物。国内分布于新疆西部，国外广泛分布于欧洲及中亚多国。

胎蜥属 *Zootoca*

1 胎蜥 *Zootoca vivipara* （曾用名：胎生蜥蜴）

小型蜥蜴，成体全长 15 cm 左右，尾长为头体长的 1.3 ~ 1.5 倍。背面褐色，散以较小的黑褐色及白色色斑，雄性体侧常具红褐色侧纹。头背具大块鳞片，耳孔较大，鼓膜裸露。

栖息于气温较低的针叶林地，近水边活动。卵胎生殖（欧洲部分种群为卵生），直接产下仔蜥。国内见于黑龙江及新疆阿勒泰地区，国外广泛分布于欧洲及中亚诸国。

蛇蜥科 Anguidae

蛇蜥科于世界范围内已记录约 78 种，除少数种类分布于亚洲、欧洲以外，该属多数种分布于美洲。中国已报道 1 属 3 种。本手册收录 1 种。

脆蛇蜥属 *Dopasia*

2 细脆蛇蜥 *Dopasia gracilis* （地方名：脆蛇、碎蛇）

体细长，似蛇的无脚蜥蜴，成体全长 40 ~ 60 cm，尾长为头体长的 2 倍以上。体背面黄褐色，自颈后至体前段排列十余道具金属光泽的窄横纹，幼体时色斑为黑褐色短横纹；腹面黄色。鼻鳞与前额鳞间有 3 枚小鳞。

栖息于植被较为茂密的山区，常隐于石块、朽木、落叶层下。通常于夜晚活动，捕食小型无脊椎动物。国内分布于广西、四川、贵州、云南、西藏等省区。

鳄蜥科 Shinisauridae

鳄蜥科目前仅存 1 属 1 种，分布于我国及越南。

鳄蜥属 *Shinisaurus*

①　鳄蜥 *Shinisaurus crocodilurus* （地方名：大睡蛇、落水狗）

中型蜥蜴，体粗壮，成体全长 25 ～ 40 cm，尾长略长于头体长。头部宽大，头两侧棱角明显，吻短而钝圆。背面有明显的椭圆形大棱鳞，体背呈橄榄褐色或深褐色，自颈后至尾具多道深色宽横纹，尾部具多道深色环纹。头腹面及体侧常具红褐色，雄性尤为明显。前臂上方具数个近椭圆形大黑斑，体侧散以若干黑褐色斑点。眼周具深褐色辐射纹，上下唇具数道深褐色纵纹。尾背面有由大鳞形成的两个明显的纵脊。初生幼蜥头部前端呈黄色，随年龄增长逐渐淡去。

半水栖生活，常见匍匐于向阳水塘上方树枝或岩石上，稍有响动，立即跃入水中，隐于溪底石下或其他隐蔽物下。晨昏活动，捕食鱼类、蚯蚓及其他小型无脊椎动物。国内仅见于广东、广西，国外分布于越南。数量稀少，为我国的 I 级保护动物。

巨蜥科 Varanidae

巨蜥科于世界范围内已记录约 79 种，分布于亚洲、非洲及大洋洲。其下仅包含 1 属，但可分为多个亚属，不同种间体型差异极大，最小的丹皮尔巨蜥（*Varanus sparnus*）全长仅 20 cm，最大的科莫多巨蜥（*V. komodoensis*）全长可逾 300 cm。中国已报道 1 属 2 种。本手册收录 1 种。

巨蜥属 *Varanus*

1 圆鼻巨蜥 *Varanus salvator* （别名：水巨蜥、五爪金龙）

大型蜥蜴，成体全长 150 ~ 250 cm，最长可达 300 cm，尾长为头体长的 1.5 倍，为我国所产蜥蜴中最大者。头窄长，略呈三角形，鼓膜大而明显，鼻孔呈椭圆形。舌长且分叉长，呈蓝紫色。四肢粗壮，爪大而长。背面黑褐色，体背具数行黄色铜钱状花纹所构成的环纹，四肢具零碎的黄色斑点。尾侧扁，具数个黄色环纹。头吻部具数个黑褐色环纹，眼后有一黑色眉纹。幼体色斑十分明显，成体后色斑逐渐模糊不清。

常栖息于热带、亚热带地区近水源处，偶见于树上休憩。捕食鱼类、蛙类、小型兽类、鸟类等。我国分布于广东、海南、广西、云南等省区。为我国的 I 级保护动物。

鬣蜥科 Agamidae

鬣蜥科于世界范围内已记录约500种，广泛分布于亚洲、欧洲南部、非洲及大洋洲。中国已报道约13属70种。本手册收录30种。

飞蜥属 *Draco*

① 裸耳飞蜥 *Draco blanfordii*

小型蜥蜴，成体全长 25 ～ 30 cm，尾细长，约为头体长的 1.8 倍。背面橄榄灰色或灰褐色等，自颈后至尾基具隐约的黑褐色横纹。喉部具由软骨支持的半透明喉囊，雄性喉囊较雌性大，喉囊两侧各具一小块橘红色皮褶。体侧有由 5 条延长的肋骨支持的翼膜，翼膜背面略带橙红色，其上具斑驳的黑褐色弧纹，弧纹之间具浅色细线纹。体尾腹面黄白色，尾具十余道黑褐色环纹。雄性常具低矮的颈褶和较弱的尾棘。鼓膜裸露；鼻孔开向背侧。

栖息于热带、亚热带具高大乔木的雨林环境，营树栖生活，除产卵外很少到地面活动。静伏时，其体色与树干难区分。需要迁移或规避敌害时，可撑起折于体侧的翼膜，向下方滑翔至另一棵树，尾可控制其降落方向。繁殖期时，雌、雄成对活动，雄性展开翼膜并有规律地撑开喉囊，围绕于雌性身边。白昼活动，以各种小型无脊椎动物为食。国内分布于云南南部，国外分布于印度、孟加拉国、缅甸、越南、泰国、马来西亚等国家。

② 斑飞蜥 *Draco maculatus*

小型蜥蜴，成体全长约20 cm，尾细长，为头体长的 1.6 ～ 1.7 倍。体型、色斑与裸耳飞蜥相仿，区别在于：鼓膜被鳞；鼻孔开向外侧；翼膜背面橙红色，其上具许多粗大的黑色斑点，其间连以黑色细纵线。

栖息于热带、亚热带具高大乔木的雨林环境。国内分布于海南、云南、西藏东南部。

喉褶蜥属 *Ptyctolaemus*

1 喉褶蜥 *Ptyctolaemus gularis*

中小型蜥蜴，体型侧扁，头部窄长，身形纤细，成体全长 22 ~ 28 cm，尾长约为头体长的 2.5 倍。头体背面黄褐色，于体侧面具红褐色网状斑纹，体色深浅会因温度、环境而有所变化。雄性具低矮的颈褶但不具背鬣，喉囊发达，呈淡蓝色具 3 道蓝黑色斑纹。

栖息于热带、亚热带地区多草木灌丛处。捕食各种小型无脊椎动物。国内分布于西藏墨脱，国外见于印度。

蜡皮蜥属 *Leiolepis*

2 蜡皮蜥 *Leiolepis reevesii* （地方名：山马、坡马、沙神）

中小型蜥蜴，体型较扁平，成体全长约 30 cm，尾长约为头体长的 2 倍。体尾背面覆以细密的粒鳞。头高而窄长，吻端圆钝。雌雄性二型明显，雄性头部更为宽大，背面灰褐色或深褐色，自头后至尾基密布橘黄色或橘红色的小圆斑，四肢及尾背密布沙黄色小圆斑。体侧具橘红色与黑褐色相间的横纹。腹面黄白色。雌性色斑形状与雄性基本相同，但颜色暗淡，不鲜艳。

栖息于沿海地区沙地，善于掘穴。捕食各种小型无脊椎动物。国内分布于广东、海南、澳门、广西等省区，国外分布于越南、泰国、柬埔寨等东南亚国家。

长鬣蜥属 *Physignathus*

① **长鬣蜥** *Physignathus cocincinus* （别名: 水龙）

中等大小蜥蜴，体尾侧扁，背脊具棱，成体全长约 60 cm，尾长约为头体长的 2.5 倍。背面深绿色或绿褐色，体两侧有数道斜向后的灰蓝色细纹。前肢腋下及胸前呈橘黄色，腹面黄绿色。自尾中段起有数个宽大黑褐色环纹。自头颈部至尾前部有一列发达鬣刺，雄性尤其显著。下唇鳞以下有一列明显增大的白色鳞片。鼓膜外露，鼓膜以下部位鳞片呈圆锥状。

易与原产美洲的美洲鬣蜥（*Iguana iguana*）相混淆，两者区别在于: 绿鬣蜥鼓膜以下具一枚较大的圆形鳞片，长鬣蜥不具此特征。

栖息于热带、亚热带多林木的河流、溪流旁。如遇惊扰迅速从树枝上跃入水中。捕食各种小型无脊椎动物、鱼类，偶见取食鼠类、蜥蜴。国内分布于广东、广西、云南，台湾地区现已具有归化种群。国外分布于缅甸、越南、老挝、泰国、柬埔寨等东南亚国家。

岩蜥属 *Laudakia*

② **拉萨岩蜥** *Laudakia sacra*

中小型蜥蜴，体型较为扁平，粗壮，成体全长 30 cm，尾长约为头体长的 1.5 倍。背面黄褐色或灰褐色，上有不规则黑褐色网状纹或不规则黑褐色横纹。尾具黑褐色环纹。雄性腹部及肛前具一团胼胝鳞。喉褶较本属其他种较为明显。体侧小鳞间未杂以较大鳞片。

栖息于青藏高原多大石块的石山阳坡，白天阳光充足时可见成群蜥蜴匍匐于岩石上晒太阳，如遇惊扰迅速藏匿于岩缝之中。取食小型无脊椎动物以及少量植物。国内分布于西藏。

1 **吴氏岩蜥** *Laudakia wui*

中小型蜥蜴，体型较为扁平，粗壮，成体全长 30 cm，尾长约为头体长的 1.5 倍。背面灰褐色，成体背面具数道黄褐色或蓝灰色窄横纹，幼体腹面及体侧呈砖红色。尾具黑褐色环纹。雄性腹部及肛前具一团胼胝鳞。喉褶较不显著；体侧由肩前至胯部有一连续的皮肤褶。体侧小鳞间杂以少量尖出的锥鳞。

栖息于雅鲁藏布江大峡谷沿岸多碎石石山。取食小型无脊椎动物以及少量植物。国内仅分布于西藏墨脱县及波密县。

副岩蜥属 *Paralaudakia*

2 **新疆岩蜥** *Paralaudakia stoliczkana*

中小型蜥蜴，体型较为扁平，粗壮，成体全长 30 cm，尾长约为头体长的 1.5 倍。体背黄褐色或灰褐色，其上散以细密的黑褐色点斑，体前段另具较大的沙黄色或橘黄色不规则色斑。头背颜色通常较体背色浅，其上散以黑褐色点斑。尾具黑褐色环纹。颞部、颈部均若干成丛锥鳞，尾背鳞大而具强棱，各鳞排列呈环，每 4 环组成 1 节（阿勒泰亚种 *P. stoliczkana altaica* 每 3 环 1 节）。

栖息于多石砾的荒漠地区，常见出没胡杨林内、荒漠灌丛附近。主要以植物为食，兼食各种小型无脊椎动物。国内分布于新疆及甘肃西北部。

攀蜥属 *Japalura*

① 长肢攀蜥 *Japalura andersoniana* （曾用名: 长肢龙蜥）

中小型蜥蜴，体侧扁，背脊具棱，成体全长 20 ~ 25 cm，尾长约为头体长的 2 倍。背面褐色，其上有隐约的浅色纹；眼后有一镶深色边的浅色线纹斜达口角；尾具多道深褐色环纹；腹面污白色。头较窄长；四肢比例较本属其他种更长。雄性颈部皮褶发达呈波状，颈鬣位于皮褶之上，背部具微隆的皮褶，背鬣不发达。喉部苹果绿色，中央部位呈橘黄色。雌性颈鬣、背鬣均不发达，喉部无特殊色斑。

栖息于海拔 800 ~ 1 500 m 丛林灌丛。捕食各种小型无脊椎动物。国内仅见于西藏墨脱。

② 三棱攀蜥 *Japalura tricarinata*

中小型蜥蜴，体侧扁，背脊具棱，背脊两侧另各具 1 道突起的纵棱，成体全长 15 ~ 18 cm，尾长约为头体长的 2 倍。雄性背面绿色；雌性背面呈褐色。眼斜前方有黑白相间的辐射纹，眼后有 1 条镶深色边的浅色线纹斜达口角；尾具多道深褐色环纹；无论雌雄，颈鬣、背鬣均不发达。

栖息于海拔 1 600 ~ 2 900 m 处丛林灌丛。捕食各种小型无脊椎动物。国内仅见于西藏聂拉木，国外见于印度及尼泊尔。

龙蜥属 *Diploderma*

③ 草绿龙蜥 *Diploderma flaviceps* （曾用名: 草绿攀蜥）

中小型蜥蜴，体侧扁，背脊具棱，成体全长 20 ~ 25 cm，尾长为头体长的 2 倍以上。

背面浅灰褐色，雄性体背两侧各有 1 道略呈波浪状黄绿色纵纹；雌性体背两侧具数个菱形浅色斑。背脊正中具数个黑褐色菱形斑块。眼周无黑褐色辐射纹。颈鬣较发达。背鬣由前向后逐渐减弱。四肢背面具深褐色横纹；尾具若干深色环纹。

栖息于多碎石河谷两侧灌丛。国内分布于四川西部。

❶ 丽纹龙蜥 *Diploderma splendidum* （曾用名: 丽纹攀蜥）

中小型蜥蜴，体侧扁，背脊具棱，成体全长 20 ~ 25 cm，尾长为头体长的 2 倍以上。头背黑褐色与黄绿色细碎色斑相杂，眼下方从鼻鳞到口角有 1 条白色或黄绿色线纹与上唇缘平行，其下缘镶 1 条清晰的黑色细线纹与上唇鳞相隔；鼓膜被鳞；背面黑褐色，杂以黄绿色及灰白色斑纹。雄性个体较雌性大，头部也显著大于雌性。雄性体背两侧各有 1 道边缘平直的绿色纵纹；雌性体背两侧纵纹较细，其间有黑褐色细纹将其分隔。背脊正中具数个深色斑块。头后具分散的刺状鳞。颈鬣较发达，雄性略显著于雌性。背鬣由前向后逐渐减弱。四肢背面草绿色与黑褐色相杂；尾具若干深色环纹。四肢及尾被以大小均匀的起棱大鳞。

栖息于山区多灌丛、岩石处。捕食各种小型无脊椎动物。国内分布于河南、陕西、甘肃、湖北、湖南、四川、贵州、云南等省区。

❷ 台湾龙蜥 *Diploderma swinhonis* （曾用名: 台湾攀蜥　地方名: 斯文豪氏攀蜥）

中小型蜥蜴，体侧扁，背脊具棱，成体全长约 20 cm，尾长为头体长的 2 倍以上。背面灰褐色，体背两侧各有 1 道略呈波浪状黄色纵纹，头腹面灰黑色或灰褐色，具白色斑点，体腹面灰白色。雄性颈鬣较发达，与背鬣不连续。尾具若干深色环纹。

栖息于多杂草灌丛之山区。国内分布于台湾。

❸ 裸耳龙蜥 *Diploderma dymondi* （曾用名: 裸耳攀蜥）

中小型蜥蜴，体侧扁，背脊具棱，成体全长 20 ~ 25 cm，尾长为头体长的 2 倍以上。色斑、体型、习性等均与丽纹龙蜥近似，主要区别在于：鼓膜裸露；体色较丽纹龙蜥暗淡，多为黑褐色与淡棕色相杂。

栖息于多灌丛山区。国内分布于四川及云南。

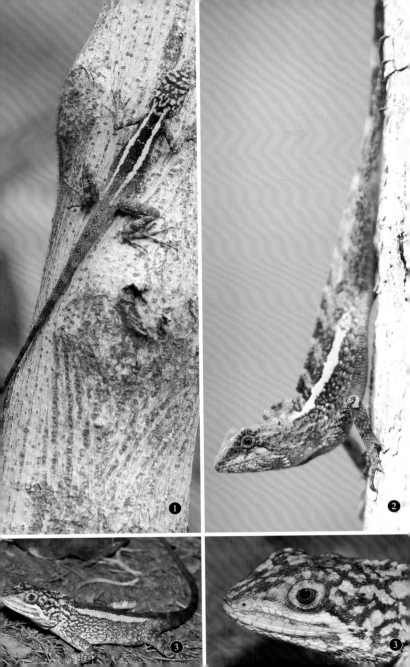

1 **米仓山龙蜥** *Diploderma micangshanense* （曾用名: 米仓山攀蜥）

中小型蜥蜴，体侧扁，背脊具棱，成体全长约 20 cm，尾长约为头体长 2 倍。色斑、体型等与草绿龙蜥近似，主要区别在于: 眼周具黑褐色辐射纹; 无喉褶。

栖息于多灌丛山区。国内分布于河南、陕西、甘肃、湖北、四川等省区。

2 **昆明龙蜥** *Diploderma varcoae* （曾用名: 昆明攀蜥）

中小型蜥蜴，体侧扁，背脊具棱，成体全长约 20 cm，尾长不足头体长 2 倍。背面浅褐色，雄性较雌性色深，头背具数道深色横斑; 由眼下至口角有 1 条黑色线纹; 上下唇黄白色。鼓膜小而裸露。背脊正中具 5 ～ 7 个黑褐色倒三角形色斑，体背两侧各有 1 道边缘呈锯齿状的浅色纵纹。颈鬣较发达; 背鬣由前向后逐渐减弱。四肢背面具深褐色横纹; 尾具若干深色环纹。

栖息于山区多灌丛、岩石处。捕食各种小型无脊椎动物。国内分布于贵州及云南两省。

3 **帆背龙蜥** *Diploderma vela*

中小型蜥蜴，体侧扁，背脊具棱，成体全长约 20 cm，尾长约为头体长 2 倍。雄性背面黑褐色，体背两侧各有 1 道边缘呈锯齿状的浅色纵纹，自头颈部至尾基具发达的帆状皮褶，腹面白色，头腹面具细短黑线纹。雌性背面色浅，呈黄褐色或深灰褐色，不具帆状皮褶。

栖息于多碎石河谷两侧灌丛。国内分布于西藏东部。

沙蜥属 *Phrynocephalus*

① 叶城沙蜥 *Phrynocephalus axillaris*

小型蜥蜴，体型扁平，成体全长 10 cm 左右，尾略长于头体长。头部较圆，似蟾头。背面黄褐色或沙黄色等，各地区色斑变异极大，常见色斑为：背面砖红色、灰色斑相杂，其间散以白色细纹或背面仅有细纹而无斑块。具腋斑，尾梢白色，尾腹面具 3 ~ 6 个灰色半环纹。

栖息于荒漠、半荒漠及荒漠草原。国内见于甘肃、新疆两省区。

② 南疆沙蜥 *Phrynocephalus forsythii*

小型蜥蜴，体型扁平，成体全长 10 cm 左右，尾略长于头体长。头部较圆，似蟾头。背面黄褐色或沙黄色等，沿背脊中央具 4 ~ 5 对深褐色圆斑，体侧各具 1 深褐色纵带纹。无腋斑，尾梢呈黑色。

栖息于多石砾的荒漠地区。国内见于新疆天山以南地区。

③ 奇台沙蜥 *Phrynocephalus grumgrzimailoi*

小型蜥蜴，体型扁平，成体全长 10 cm 左右，尾略长于头体长。头部较圆，似蟾头。背面黄褐色，体背具 4 列深褐色横斑，并杂以不规则细纹；喉部具深色网纹；无腋斑；尾梢呈黑色。背鳞光滑，其间杂以零星棱鳞。

栖息于多石砾的荒漠地区。国内见于新疆东部地区。

④ 旱地沙蜥 *Phrynocephalus helioscopus*

小型蜥蜴，体型扁平，成体全长 10 cm 左右，尾几乎与头体等长。头部较圆，似蟾头。背面黄褐色、红褐色或灰褐色等，其上具突起的锥状鳞丛。体背具数对深褐色色斑，色斑前后常具浅蓝灰色及砖红色小圆斑，尾两侧具多对深褐色色斑，色斑之间交错、相对或相接成环纹。体腹面黄白色，尾下浅蓝色，雄性于繁殖季节时尾梢腹面呈红色。无腋斑。

栖息于多石砾的荒漠地区。国内仅见于新疆，国外广泛分布于中亚及东欧部分地区。

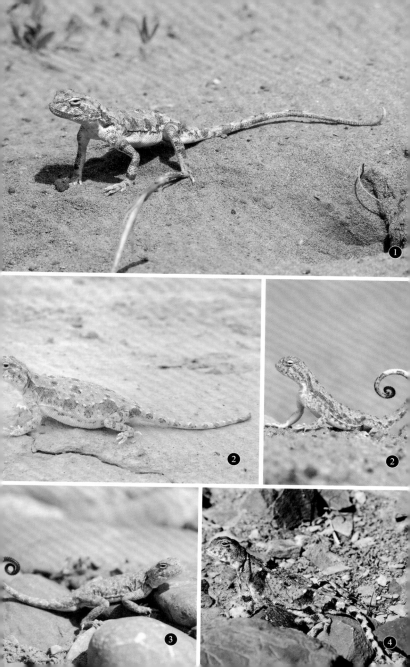

① 大耳沙蜥 *Phrynocephalus mystaceus*

小型蜥蜴，但为本属中体型最大者，成体全长 15～24 cm，尾几乎与头体等长。头部较大，宽大于长，在其嘴角有发达的耳状皮褶，边缘呈锯齿状。背面沙黄色，其上密布镶深色边的细碎浅色斑；胸前两前肢之间有一大块黑斑，腹面黄白色；尾背面具十余道深褐色横纹，尾末端黑褐色。幼体胸前黑斑色浅；大腿后缘和尾的腹面呈鲜艳的橙黄色，随年龄增长橙黄色逐渐消失。指、趾具发达的栉缘。

栖息于荒漠沙丘，于稀疏灌木下掘穴而居。捕食各种小型无脊椎动物。遇到威胁时，常张开大口，撑开嘴角皮褶，露出粉红色的内面，四肢伸直，撑起身体，尾巴上翘，尾末端向上卷曲。国内分布于新疆西部，国外分布于中亚及东欧部分地区。

② 变色沙蜥 *Phrynocephalus versicolor*

小型蜥蜴，体型扁平，成体全长 10 cm 左右，尾略长于头体。头部较圆，似蟾头。背面黄褐色或沙黄色等，各地区色斑变异极大，常见色斑为：沿背脊部有数对相互对称的深褐色斑，其周围杂以白色和黄色细虫纹。尾背具 6～8 道镶黑边的黄褐色横斑，尾末端腹面黑色。

栖息于荒漠、半荒漠及荒漠草原。国内见于内蒙古、河北、山西、陕西、宁夏、甘肃、青海、新疆等省区。

③ 青海沙蜥 *Phrynocephalus vlangalii* （地方名：沙婆子、沙虎子）

小型蜥蜴，体型扁平，成体全长 10 cm 左右，尾几乎与头体等长。头部较圆，似蟾头。背面灰黄色，自头后至尾基部有一浅色脊纹，脊纹左右具较大块的深褐色色斑，色斑周围具浅色小圆斑，部分个体浅色脊纹不显。头背具细碎黑褐色色斑；腹面黄白色，成体腹部具黑色大斑；尾腹面黄白色，尾梢腹面黑色。腋下无腋斑。

栖息于高原沙地，掘穴而居。捕食各种小型无脊椎动物，主食蚂蚁。国内分布于甘肃、青海、新疆、四川等省区。

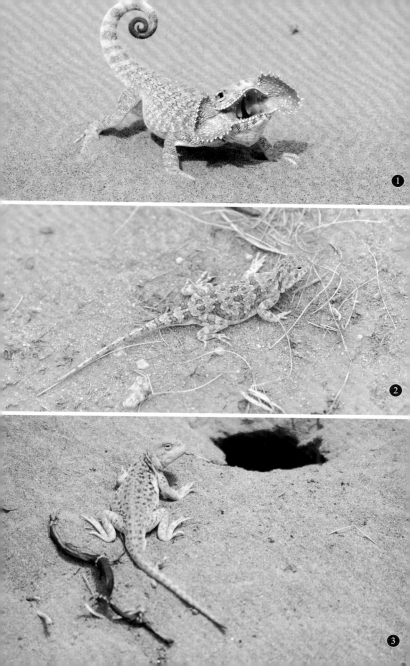

棘蜥属 *Acanthosaura*

① 丽棘蜥 *Acanthosaura lepidogaster*

小型蜥蜴，体型侧扁，背脊具棱，成体全长 20 cm 左右，尾长约为头体长的 1.5 倍。背面多呈鲜绿色、墨绿色或褐色等，且体色会受温度、光照、环境等因素影响而变化。背面色斑变异较大，鼻孔以上头背多为黑褐色，颈背正中具 1 个黑褐色菱形色斑，部分个体体侧亦有黑褐色色斑。尾部具黑褐色环纹。雄性于发情期唇边常呈红色。头部略呈三角形，吻棱明显。眼后方各具 1 枚眼后棘，长度为眼径的 1/2，在其后方还各具 1 枚小棘。颈鬣发达，呈锯齿状，与背鬣不连续。

栖息于植被茂密，多灌丛的山区。捕食各种小型无脊椎动物。国内分布于江西、福建、广东、海南、广西、贵州、云南等省区。

树蜥属 *Calotes*

② 变色树蜥 *Calotes versicolor* （地方名：马鬃蛇、鸡冠蛇）

中小型蜥蜴，体侧扁，背脊具棱，成体全长 30 ~ 40 cm，尾长约为头体长的 3 倍。背面浅褐色、灰褐色或深褐色等，体色会受温度、湿度、光照等因素影响而变化。体背具黑褐色横纹，尾部具黑褐色环纹，眼周具黑褐色辐射纹。成年雄性背面纹路较少，于繁殖期时，前半身或全身呈橘红色，头颈侧具大块黑色色斑。幼蜥和成年雌性体两侧各具 1 条黄白色背侧纹。体背鳞片具强棱，末端具尖。颈鬣发达，与背鬣相连续。

栖息于热带、亚热带地区多草木灌丛处，城市中公园、校园亦可见其踪影。捕食各种小型无脊椎动物。国内分布于广东、海南、广西、云南等省区，国外广泛分布于南亚、东南亚地区。

1 棕背树蜥 *Calotes emma*

中小型蜥蜴，体侧扁，背脊具棱，成体全长 30 ~ 40 cm，尾长约为头体长的 2.5 倍。背面体色多变，多呈棕红色、黄褐色、灰褐色等。背正中具数个黑褐色菱形色斑，体侧具黑褐色横纹，两侧各具 1 条黄白色背侧纹，尾部具黑褐色环纹，眼周具黑褐色辐射纹。自鼻孔经眼下至鼓膜上方有 1 条黑褐色横纹，成年雄性于发情期时，此横纹上方的头侧呈黑色，喉部亦呈黑色，体色转为鲜艳的红棕色。颈鬣发达，与背鬣连续。眼眶后有一棘鳞。

栖息于热带、亚热带山区密林中。捕食各种小型无脊椎动物。国内分布于广东、云南两省。

2 绿背树蜥 *Calotes jerdoni*

中小型蜥蜴，体侧扁，背脊具棱，成体全长 30 ~ 40 cm，尾长约为头体长的 3 倍。通体呈草绿色，体侧偶有黄色斑纹。尾部环纹不明显。颈鬣发达，与背鬣连续。眼周具黑褐色辐射纹。眼眶后无棘鳞，具有两道由数枚鳞片组成的脊。

栖息于热带、亚热带山区密林中。捕食各种小型无脊椎动物。国内见于云南省西部。

3 白唇树蜥 *Calotes mystaceus*

中小型蜥蜴，体侧扁，背脊具棱，成体全长 30 ~ 40 cm，尾长约为头体长的 2 倍。背面体色多变，雄性于繁殖期时头部、前肢及体前段呈天蓝色，上唇至枕后具白色条纹，背正中具数个红褐色菱形色斑，体后端至尾呈锈黄色，尾部环纹不明显。雌性体色暗淡许多，多呈黄褐色。颈鬣发达，与背鬣连续。

栖息于热带、亚热带山区密林中。捕食各种小型无脊椎动物。国内分布于云南省，香港地区存在归化种群。

拟树蜥属 *Pseudocalotes*

① 西藏拟树蜥 *Pseudocalotes kingdonwardi*

中小型蜥蜴，体型侧扁，背脊具棱，成体全长约 20 cm，尾长约为头体长的 2 倍。头体背面绿色或蓝绿色，头顶黑褐色，背面具 3 个宽大的黑褐色横斑，横斑之间彼此相连，部分鳞间呈黑褐色，构成黑褐色网纹。雄性颈鬣发达，与背鬣不连续，喉囊呈血红色。

栖息于热带、亚热带地区多草木灌丛处。国内分布于云南省和西藏自治区。

② 蚌西拟树蜥 *Pseudocalotes kakhienensis* （曾用名：蚌西树蜥）

中小型蜥蜴，体型侧扁，背脊具棱，成体全长约 20 cm，尾长约为头体长的 2 倍。头背具黑褐色网纹，眼周具黑褐色辐射纹，自眼至鼓膜亦有 1 道黑褐色纹；颔下呈白色；体前段具黑褐色网纹，中段具 1 道黄绿色斜纹及 1 道蓝绿色斜纹，体后段呈深灰褐色。背鳞大小不一致，体中段具斜纹处背鳞较大。颈鬣较为发达，背鬣不发达。

栖息于热带、亚热带地区多草木灌丛处。国内分布于云南省。

③ 细鳞拟树蜥 *Pseudocalotes microlepis* （曾用名：细鳞树蜥）

中小型蜥蜴，体型侧扁，背脊具棱，成体全长约 20 cm，尾长约为头体长的 2 倍。背面浅褐色、灰褐色或深褐色等，其上散以黑褐色细点，部分个体背脊正中具数块黄褐色色斑，体色会受温度、湿度、光照等因素影响而变化。吻长而尖，眼周具黑褐色辐射纹，自眼后有 1 条黑褐色细纹直达口角。喉囊明显，雄雌喉囊颜色明显不同：雄性喉囊黄色加红褐色，雌性喉囊为浅蓝色加淡藕荷色。颈鬣较为发达，每两个鬣刺之间通常不连续，背鬣不发达。

栖息于热带、亚热带地区多草木灌丛处。国内分布于广东、海南、贵州、云南等省区。

草原蜥属 *Trapelus*

1 草原蜥 *Trapelus sanguinolentus* （曾用名：草原鬣蜥）

中小型蜥蜴，成体全长约 20 cm，尾长约为头体长的 1.5 倍。背面沙黄色，体背具暗色横纹，部分个体背面具橘黄色块状色斑。尾具多道黄褐色环纹。背腹面鳞片均粗糙起棱，背面强棱鳞尤其显著。雄性于繁殖期或兴奋状态下喉部、腹部、四肢均或多或少呈深蓝色，喉部颜色最深。

栖息于有灌木或半乔木的荒漠、半荒漠地区，利用其他动物掘出的洞穴栖身，或隐于大石、枯树下。正午气温最高时常攀高至灌木之上，躲避炽热的沙地。捕食各种小型无脊椎动物，亦取食植物。国内仅见于新疆西部。

蛇亚目 Serpentes

盲蛇科 Typhlopidae

盲蛇科世界性广布，已记录约 400 余种。中国已报道 2 属 5 种。本手册收录 2 种。

东南亚盲蛇属 *Argyrophis*

2 大盲蛇 *Argyrophis diardii*

小型无毒蛇，全长 20 ~ 30 cm。形态似大蚯蚓，头颈不分，通身圆筒状。眼呈 1 黑点，覆于鳞下。背面灰黑色；腹面颜色略浅，呈灰白色。尾短且钝，在最末端有 1 细小而坚硬的尖鳞。

栖息于潮湿疏松的森林地表下，捕食小型无脊椎动物。国内分布于海南和云南两省，国外广泛分布于南亚、东南亚国家。

印度盲蛇属 *Indotyphlops*

1 钩盲蛇 *Indotyphlops braminus* （地方名：铁线蛇）

我国所产最小蛇类之一，成体全长 15 ~ 18 cm，形态似蚯蚓，但仔细观察会发现周身覆满大小一致的圆形鳞片。吻端钝圆，头颈不分，眼睛呈黑色小点，覆于鳞下。尾极短且钝，在最末端有一细小而坚硬的尖鳞。背面多为黑褐色，腹面颜色略浅，吻部及尾尖略白。

穴居生活，仅在阴雨天或夜晚到地面上活动。多见于松软泥土、落叶层下。朽木下、石缝中等潮湿阴暗处。以蚯蚓，白蚁，各种昆虫的卵、蛹为食。国内广泛分布于南方各个省份。

蟒科 Pythonidae

蟒科于世界范围内已记录约 40 种，广泛分布于亚洲、非洲及大洋洲，不同种间体型差异极大，最小的珀斯侏蟒（*Antaresia perthensis*）全长仅40 ~ 60 cm，最大的网纹蟒（*Malayopython reticulatus*）全长可达 800 cm，可能是现存蛇类中最长者。中国已报道约 1 属 1 种。本手册收录 1 种。

蟒属 *Python*

2 缅甸蟒 *Python bivittatus*

我国所产最大的蛇类，成体全长 300 ~ 400 cm，最长为 600 cm 以上。体粗壮，成体径粗如成年人大腿一般，体重最大可达 90 kg。头略呈三角形，部分上唇鳞及下唇鳞具有感知热量的唇窝。头背有黄褐色的"V"形斑纹。体背自头颈至尾末有棕黄色不规则的网状花纹，花纹内部为镶黑边的深褐色色斑。腹面黄白色。其泄殖孔两侧有爪状的残肢，为后肢退化留下的残迹，雄性较为明显。

栖息于植被茂密的山林中，白天常潜伏于水中或攀缘于树梢，待夜晚到地表伏击各种哺乳动物，小到啮齿类大到有蹄类都可能成为它的猎物，有时亦捕食蜥蜴等爬行动物。国内分布于福建、广东、海南、香港、澳门、广西、贵州、云南、西藏等省区，国外分布于东南亚各国。为我国的 I 级保护动物。

闪鳞蛇科 Xenopeltidae

闪鳞蛇科现仅存 1 属 2 种，且在我国均有分布。本手册收录 2 种。

闪鳞蛇属 *Xenopeltis*

❶ 海南闪鳞蛇 *Xenopeltis hainanensis*

中等大小无毒蛇，成体平均全长 80 cm 左右。眼小，头部钝圆，与颈部区分不明显。身体呈圆筒状，尾短，至末端逐渐变细，在尾最末端有一尖锐而坚硬的尖鳞。背面褐色，腹面灰白色，鳞片在光线照射下会反射出虹彩。

经常隐匿于温暖潮湿地区的落叶层或各种遮蔽物下。于夜晚外出捕食，以蚯蚓、蛙类等作为主食。国内分布于浙江、江西、湖南、福建、广东、海南、广西等省区。

❷ 闪鳞蛇 *Xenopeltis unicolor*

中等大小无毒蛇，成体全长 100 cm 左右。眼小，头部较扁，与颈部区分不明显。上唇鳞 8 枚，眶后鳞 2 枚（海南闪鳞蛇上唇鳞 7 枚，眶后鳞 1 枚）。身体呈圆筒状，尾较海南闪鳞蛇长。背面蓝褐色，腹面灰白色，鳞片在光线照射下会反射出虹彩。幼体颈部有一大块白色色斑，随着年龄增长逐渐消失。

常隐匿于温暖潮湿地区的落叶层或各种遮蔽物下。于夜晚外出捕食，以蛇类、小型啮齿动物为食。国内仅见于云南省南部。

蚺科 Boidae

蚺科于世界范围内已记录约 61 种，分布于亚洲、非洲、北美洲和南美洲。目前可分为 7 个亚科，其中仅沙蟒亚科的物种在我国有分布，目前已报道 1 属 2 种。本手册收录 1 种。

沙蟒属 Eryx

① 东方沙蟒 *Eryx tataricus*　（地方名：土棍子、沙蟒）

中型无毒蛇，雌性最大全长可逾 100 cm，雄性 50 ~ 60 cm，体型短粗。头与颈区分不明显。眼小，瞳孔竖直。吻鳞及唇鳞之上不具唇窝。尾短，末端圆钝。背面多呈沙黄色、黄褐色等，其上具深褐色不规则横斑，偶掺小块红褐色色斑。眼后有 1 条褐色细纹斜达口角。腹鳞较窄，腹面灰白色，散有黑褐色点斑。

栖息于沙漠，营穴居生活，常利用小型哺乳动物掘出的洞穴栖身。凌晨活动，捕食各种蜥蜴及小型哺乳动物，幼体捕食昆虫。国内分布于新疆，国外广泛分布于中亚地区。

闪皮蛇科 Xenodermatidae

闪皮蛇科于世界范围内已记录约 18 种，全部分布于亚洲，且以东南亚地区多样性最为丰富。中国已报道 1 属 8 种。本手册收录 2 种。

脊蛇属 Achalinus

② 棕脊蛇 *Achalinus rufescens*

小型无毒蛇，成体全长 50 cm 以下。头较小，与颈区分不明显。背面棕黄色或棕褐色，头背颜色稍深，自颈部到尾末有一脊纹，脊纹浅者几乎与体同色，深者则近乎黑色。腹面黄色或黄白色。背鳞呈披针形，体表鳞片在光下可反射出虹彩。

主要栖息于山区、丘陵地带，多营穴居生活。夜晚外出捕食蚯蚓。国内分布于华东、华南的大部分地区。

① **黑脊蛇** *Achalinus spinalis*

　　小型无毒蛇，成体全长 50 cm 左右。头较小，与颈区分不明显。背面黑褐色，自颈部到尾末有一黑色脊纹，腹面灰黑色或灰白色。背鳞呈披针形，中段背鳞 23 行，极少见 21 行或 25 行，体表鳞片在光下可反射出虹彩，脊鳞不扩大。

　　主要栖息于山区、丘陵地带，多营穴居生活。夜晚外出捕食蚯蚓。国内分布于华东、华南、西南的大部分地区和西北地区的陕西、甘肃两省。

钝头蛇科 Pareidae

　　钝头蛇科于世界范围内已记录约 20 种，全部分布于亚洲。中国已报道 1 属 11 种。本手册收录 3 种。

钝头蛇属 *Pareas*

② **中国钝头蛇** *Pareas chinensis*

　　小型无毒蛇，体型细长，成体全长 50 ~ 70 cm。头部较大，与颈区分明显，吻端钝圆。眼大，呈橘红色，瞳孔竖直如猫眼。尾细长，具缠绕性，利于攀缘。背面黄褐色或红褐色，头背至颈后有一由细小黑点组成的箭形斑，眼后有一细黑纹斜向口角，体背有数道由细小黑点连缀成的横纹。腹面浅黄色，杂以黑褐色斑点。

　　栖息于山区丘陵。夜晚外出捕食蛞蝓、蜗牛等软体动物。国内分布于江苏、安徽、浙江、江西、福建、广东、广西、四川、贵州、云南等省区。

③ **缅甸钝头蛇** *Pareas hamptoni*

　　小型无毒蛇，体型细长，成体全长 50 ~ 70 cm。色斑、体型、习性等与中国钝头蛇极为相似，从外观上较难区分，两者差异在于：缅甸钝头蛇上颌齿数量较多，每侧 6 ~ 7 枚，中国钝头蛇为每侧 4 ~ 8 枚；缅甸钝头蛇腹鳞数量较中国钝头蛇更多；虹膜颜色也较中国钝头蛇暗淡。

　　栖息于山区丘陵。国内分布于海南、广西、云南等省区，国外分布于缅甸、泰国、越南。

1 **横纹钝头蛇** *Pareas margaritophorus* （别名: 横斑钝头蛇）

小型无毒蛇，成体全长 50 cm 左右。头部较大，与颈区分比较明显，吻端钝圆。眼大，呈黑色，瞳孔竖直如猫眼。背面灰蓝色或灰褐色，枕部多有 1 对白色斑，部分个体枕斑为橘红色。体背有多数黑白各半鳞片构成的不规则横纹。腹面白色，杂以黑色斑。

栖息于山区丘陵。夜晚外出捕食蛞蝓、蜗牛等软体动物。国内分布于广东、海南、香港、广西、贵州、云南等省区，国外分布于东南亚多地。

水蛇科 Homalopsidae

水蛇科于世界范围内已记录约 54 种，分布于亚洲及大洋洲部分地区。中国已报道 3 属 4 种。本手册收录 3 种。

铅色蛇属 Hypsiscopus

2 **铅色水蛇** *Hypsiscopus plumbea* （地方名: 水泡蛇）

小型后沟牙毒蛇，体型短粗，成体全长 40 ~ 50 cm。形态、生活习性与中国水蛇相仿，主要区别在于：背面浅灰色或橄榄绿色，无黑色斑点，腹面污白色。

栖息于稻田、鱼塘、水渠中。高度水栖，较少上岸活动。国内分布于长江以南多个省区。

沼蛇属 Myrrophis

3 **中国水蛇** *Myrrophis chinensis* （地方名: 泥蛇、唐水蛇）

中等大小后沟牙毒蛇，体型短粗，成体全长 50 ~ 80 cm。头略大，区别于颈部。眼小，瞳孔圆形。尾细小，与躯体区分明显。背面棕褐色或橄榄绿色，散布众多棕褐色斑点。头颈部常有 1 条黑褐色纵纹。腹面污白色，腹鳞边缘为黑色，体两侧土红色。毒性微弱，多数情况下仅会引起伤口轻微红肿、疼痛。

高度水栖，较少上岸，多见于稻田、鱼塘、水渠中。捕食鱼类、偶食蛙类。卵胎生，多者可产仔蛇十余条。国内广泛分布于长江以南地区。

① 黑斑水蛇 *Myrrophis bennettii*

中等大小后沟牙毒蛇，体型短粗，成体全长 40 ~ 60 cm。形态、色斑与中国水蛇相仿，区别在于：中段背鳞 21 行（中国水蛇 23 行），体背黑斑大而明显。

栖息于浅海、红树林沼泽等环境。捕食各种鱼类。国内分布于福建、台湾、广东、海南、香港、广西等省区的沿海地区。

光明蛇科 Lamprophiidae

光明蛇科又被称为屋蛇科，于世界范围内已记录约315种，但这其中有部分种类分类地位尚不明确。目前可分为 7 个亚科，广泛分布于亚洲、非洲、欧洲、北美洲及南美洲，部分种类具有毒液，少数种类可致命。中国已报道 2 属 2 种。本手册收录 2 种。

紫沙蛇属 *Psammodynastes*

② 紫沙蛇 *Psammodynastes pulverulentus* （地方名: 茶斑蛇、褐山蛇）

中等偏小毒蛇，成体全长 50 cm 左右。头部较大，棱角明显，略呈五边形，与颈区分明显。眼较大，瞳孔椭圆形。背面颜色多样，多见黄褐色、红褐色或黑紫色等，上有形状不规则的黑斑或白斑，也有个体背面无斑纹，仅散布深褐色细纹。腹面淡黄色，密布褐色细点，或有紫褐色纵线或点线数行。头背至颈后有一近似"Y"形深色斑纹。

紫沙蛇属后沟牙毒蛇，但也有研究显示其可能也具有前沟牙。毒液主要对爬行动物起效，对人一般仅会引起伤口轻微红肿、瘙痒、疼痛，但过敏体质者应加以注意。

栖息于平原、低山近水源的荫凉处。捕食蜥蜴和蛙类，偶见捕食蛇类。国内分布于江西、湖南、福建、台湾、云南、广东、海南、广西、贵州、西藏等省区。国外分布于东南亚诸国。

花条蛇属 *Psammophis*

① 花条蛇 *Psammophis lineolatus* （地方名: 子弹蛇）

中等大小后沟牙毒蛇，身形细长，成体全长 80 ~ 100 cm。头窄长，吻端钝圆，眼甚大，瞳孔圆形。尾极细长。背面砂黄色或砂灰色，上有 4 道深褐色纵纹自头部延伸至尾部。腹面灰白色，腹鳞两侧有黑纹连成的纵线纹。

栖息于沙漠、半沙漠地区。白天活动，行动异常迅速，捕食各种蜥蜴，幼体亦捕食蝗虫等昆虫。国内分布于宁夏、甘肃、新疆等省区，国外分布于中亚地区。

游蛇科 *Colubridae*

游蛇科世界性广布，已记录约 1 900 种，为蛇亚目第一大科，目前主流观点认为可分为 8 个亚科，部分种类具有毒液，少数种类可致命。中国已报道约 39 属 146 种。本手册收录 68 种。

瘦蛇属 *Ahaetulla*

② 绿瘦蛇 *Ahaetulla prasina* （地方名: 鹤蛇）

中等大小后沟牙毒蛇，成体全长 100 cm 左右。头窄长，与颈区分明显，眼大，瞳孔呈一道横线。身形如藤蔓般细长，尾细长，利于在树枝间穿行。身体两侧的鳞片窄长，呈倾斜排列。体色较为多变，背面颜色常见绿色、蓝绿色、黄色、黄褐色等，腹面颜色略浅。受惊扰时身体前段侧扁，露出鳞间白色并杂有黑色斑纹的皮肤，并摆出"S"形攻击架势。

典型的树栖型蛇类，白天活动，捕食蜥蜴、鸟类等。毒性微弱，一般不会对人体造成伤害。国内多分布于福建、广东、广西、贵州、云南等省区。

腹链蛇属 *Amphiesma*

① **草腹链蛇** *Amphiesma stolatum* （曾用名：草游蛇　地方名：花浪蛇）

中等偏小无毒蛇，成体全长 60～90 cm。头椭圆形，瞳孔圆形。头颈部黄褐色或红褐色，体尾背面黄褐色，体背两侧各有 1 道浅色纵纹，自颈后延伸至尾末，身体前段纵纹较为模糊，体中后段较为明显。两道纵纹之间多有黑褐色横斑相连，横斑与纵纹交界处有 1 个白色点斑。体前段常杂以灰蓝色色斑。腹面白色，腹鳞两侧具腹链纹。上唇鳞后缘色深。

栖息于平原、丘陵、低山靠近水源之处，水塘、河流、稻田、养鱼池皆可见其踪影。主要捕食蛙类、鱼类等。我国长江以南大部分地区均有分布，国外分布于南亚及东南亚国家。

林蛇属 *Boiga*

② **绿林蛇** *Boiga cyanea*

中等偏大后沟牙毒蛇，体型细长，成体全长 100～150 cm，最大可达 190 cm。头大，略呈三角形，与颈区分明显，吻端较钝。眼大，瞳孔竖直如猫眼。幼体头背草绿色，颔下浅黄色，体背棕红色。随着年龄的增长，体背转为纯绿色，颔下浅蓝色。腹面绿色。

栖息于多植被的山区、丘陵，常栖息于灌丛、矮树之上。多于夜晚活动，捕食蜥蜴、鸟类等。国内仅分布于云南省。

③ **广西林蛇** *Boiga guangxiensis*

中等偏大后沟牙毒蛇，体型细长，成体全长 100～180 cm。头大，略呈三角形，与颈区分明显，吻端较钝。眼大，瞳孔竖直如猫眼。头体背面黄褐色，体背具数十道深褐色暗纹。脊鳞扩大呈六角形，显著大于相邻背鳞。

栖息于多植被的山区、丘陵，常栖息于灌丛、矮树之上。多于夜晚活动，捕食蜥蜴、鸟类等。国内仅分布于广西壮族自治区。

1 绞花林蛇 *Boiga kraepelini* （地方名：大头蛇）

中等偏大后沟牙毒蛇，体型细长，成体全长 100 ～ 150 cm。头大，略呈三角形，与颈区分明显，吻端较钝。眼大，瞳孔竖直如猫眼。尾细长，利于攀缘。受惊扰时，会将身体前段弯曲成"S"形。体色颜色较多变，背面颜色常见黄褐色、红褐色、灰褐色等。背脊中央有 1 列镶黑边的深色菱形斑。腹面白色。毒性微弱，一般不会对人造成伤害。易与剧毒的原矛头蝮混淆，注意区别两者间头形差异及尾部比例。

栖息于多植被的山区、丘陵，常栖息于灌丛、矮树之上。多于夜晚活动，捕食蜥蜴、鸟类等。国内分布广泛，长江以南大部分省区多有分布。

2 繁花林蛇 *Boiga multomaculata*

中等大小后沟牙毒蛇，体型细长，成体全长 70 ～ 90 cm。体型、生活习性等与绞花林蛇相仿，主要区别在于：个体较小；体背有两纵行镶黑边的深色色斑。

栖息于多植被的山区、丘陵，常栖息于灌丛、矮树之上。国内分布于浙江、江西、湖南、福建、广东、海南、广西、贵州、云南等省区。

两头蛇属 *Calamaria*

①　尖尾两头蛇 *Calamaria pavimentata* （地方名：铁线蛇）

　　小型无毒蛇，成体全长 30～40 cm。体型筒状，头小，与颈不分。头背深褐色，枕部有 1 对黄白色斑。体尾背面褐色，其上有深褐色纵线纹自颈后延伸至尾末。腹面多呈黄色。尾短，末端略尖锐，最末端有一角质尖刺。

　　穴居生活，偶在夜晚或雨后到地表活动。国内分布于浙江、福建、台湾、广东、海南、广西、贵州、四川、云南等省区。

②　钝尾两头蛇 *Calamaria septentrionalis* （地方名：两头蛇、双头蛇）

　　小型无毒蛇，成体全长 30～40 cm。体型筒状，头小，与颈不分。背面灰褐色或深灰色，泛虹彩光泽，腹面橘红色。颈部两侧各有 1 个黄白色或肉粉色色斑，尾末端两侧有两对较小的黄白色色斑。尾短，末端圆钝，形态与头十分相似。

　　穴居生活，偶在夜晚或雨后到地表活动。捕食蚯蚓和各种无脊椎动物的幼虫。国内分布于长江以南大部分地区。

金花蛇属 *Chrysopelea*

③　金花蛇 *Chrysopelea ornata*

　　中等偏大后沟牙毒蛇，体型细长，成体全长 100 cm 以上，最大记录个体全长达 175 cm。吻端较平截，头部窄长，与颈区分明显，眼大，瞳孔呈圆形。尾细长，具缠绕性，利于其在树枝间穿行。头背呈黑色网纹，上有 4 道黄色窄横斑，背面黄绿色，每枚背鳞正中及边缘为黑色，通体呈黑色网状纹。幼体及亚成体背面具较明显黑色横纹，随年龄增长逐渐不显。

　　多在树上生活，较少到地面活动，甚至可用滑翔的方式在树林间行动。滑翔时，肋骨向两侧延展，身体变得扁平，在空中弯曲呈"S"形。白昼活动，捕食蜥蜴、树蛙等。国内分布于福建、海南、云南等省区，国外分布于南亚及东南亚地区。

颌腔蛇属 *Coelognathus*

① 三索颌腔蛇 *Coelognathus radiatus* （曾用名: 三索锦蛇）

大型无毒蛇，成体全长可达 150 cm 以上。头略大，与颈区分较为明显。头颈处具 1 道黑色横线。眼周有 3 道较短的黑线纹，1 道垂直于眼下，1 道向眼后斜下方，1 道斜向上至头颈背。背面黄褐色或红褐色，体前段两侧各具两道黑色纵线，靠上的 1 道纵线较粗。体前段两侧亦具有黑白相杂的块状色斑。腹面浅黄褐色。受惊扰时，常张开大口，体前段侧扁并弯曲呈 "S" 形。遇敌害时有 "假死" 习性。

栖息于平原、丘陵、低山等环境。主要捕食小型啮齿动物以及蛙类、鸟类等。国内分布于福建、广东、广西、贵州、云南等省区，国外分布于南亚及东南亚地区。

翠青蛇属 *Cyclophiops*

② 翠青蛇 *Cyclophiops major*

中等大小无毒蛇，成体全长 100 cm 左右。头部椭圆形，眼大，瞳孔圆形。背面纯绿色，腹面浅黄绿色。肛鳞二分。幼体体背有时会出现黑色斑点，随年龄增长逐渐消失。

栖息于山林、丘陵、平原等环境。性情胆怯，以蚯蚓和昆虫幼虫为主食。国内分布于黄河以南大部分省区。

③ 横纹翠青蛇 *Cyclophiops multicinctus*

中等大小无毒蛇，成体全长 100 cm 左右。体型、生活习性与翠青蛇相仿，主要区别在于：背面前段橄榄绿色，自中段开始由橄榄绿色过渡为褐色。自体中段开始，体背两侧各出现 20 ~ 40 道不等的黄色细横纹。腹面浅黄绿色。

栖息于山林、丘陵、平原等环境。国内分布于湖南、海南、广西、云南等省区。

过树蛇属 *Dendrelaphis*

① 过树蛇 *Dendrelaphis pictus*

中等大小无毒蛇，成体全长 100 ～ 150 cm。吻端较平截，头部窄长，与颈区分明显，眼大，瞳孔呈圆形。尾细长，具缠绕性，利于其在树枝间穿行。背面古铜色或黄褐色，自眼后有 1 条较宽的黑色纵纹，向后延伸至体侧前段，其上杂以蓝色、棕色各半的鳞片，体两侧还各有一黑色细纵纹自体前段延伸至尾部，腹面黄色。背鳞呈斜行，脊鳞显著大于相邻背鳞，扩大为六角形，中段背鳞 15 行。

栖息于热带及亚热带山区的灌丛或树上。白昼活动，捕食蜥蜴、树蛙等。国内分布于广东、海南、广西、云南等省区，国外分布于南亚及东南亚地区。

② 喜山过树蛇 *Dendrelaphis biloreatus*

中等大小无毒蛇，成体全长 100 ～ 150 cm。体型、色斑、习性等与过树蛇相似，区别在于：中段背鳞 13 行。

栖息于热带及亚热带山区的灌丛或树上。国内分布于西藏东南部，国外分布于印度、孟加拉国、缅甸、越南等国家。

锦蛇属 *Elaphe*

③ 赤峰锦蛇 *Elaphe anomala* （地方名: 乌蛇、黄松、黄花松、老虎尾）

大型无毒蛇，成体全长 150 ～ 200 cm。头部较大，与颈区分明显。幼体与成体色斑差异极大，幼体唇部白色，唇鳞后缘为黑色，眼后有 1 条深褐色眉纹；背面深褐色，体尾背面具数十个边缘为黑色的黑褐色横斑。成体后，唇部黄色，唇鳞后缘黑色，体背面前段为灰绿色或灰褐色，横斑变模糊甚至无，体尾后端颜色偏黄，上有数十个边缘为黑色的深褐色横斑。体尾腹面黄色，散以黑色色斑。

栖息环境多样，平原、丘陵、低山均可见其身影，常见其在农舍附近活动。白昼活动，捕食小型啮齿动物、鸟类、鸟蛋等。国内分布于辽宁、内蒙古、北京、天津、河北、山西、山东、陕西、安徽、甘肃、江苏、浙江、湖北、湖南等省区。

1 棕黑锦蛇 *Elaphe schrenckii* （地方名：乌虫）

大型无毒蛇，成体全长 150 ~ 200 cm。头部较大，与颈区分明显。幼体与成体色斑差异极大，幼体与赤峰锦蛇幼体极为相似；成体后，唇部黄色，唇鳞后缘为黑色，体尾背面黑色，自颈后至尾具有数十个黄色窄横斑。体尾腹面黄色，散布黑色色斑。

栖息于平原、丘陵、低山。国内分布于黑龙江、吉林、辽宁、内蒙古东部。

2 坎氏锦蛇 *Elaphe cantoris*

大型无毒蛇，成体全长 150 cm 左右，最长者可达 200 cm 以上。头较大，近梨形，与颈区分明显。头体背面橄榄棕色，虹膜橙色，体背具三纵行深褐色方块状色斑，体背正中一行较大，三行方块斑于体后段增大颜色加深，汇合为连续的等距横斑。

栖息于山地。国内分布在西藏墨脱。

3 白条锦蛇 *Elaphe dione* （曾用名：枕纹锦蛇）

中等大小无毒蛇，成体全长 80 ~ 100 cm。头部椭圆形，略大，与颈区分明显。体尾背面黄色、黄褐色、褐色等，有 3 道浅色纵线贯穿体尾，背面正中有数十个哑铃状横斑或呈两两相对的圆斑。腹面黄白色，散以黑色斑点。眼后有一眉纹斜向口角，枕背有一粗大且明显的色斑。

栖息于山地、丘陵、平原等环境。分布十分广泛，国内分布于秦岭—淮河以北各省区。

4 双斑锦蛇 *Elaphe bimaculata*

中等大小无毒蛇，成体全长 80 ~ 100 cm。头部椭圆形，略大，与颈区分明显。与白条锦蛇十分相似，较难区别，主要差异在于：双斑锦蛇上下唇鹅黄色；背面色斑多为红褐色哑铃状或呈两两相对的圆斑，色斑外镶黑色边。

栖息于山地、丘陵、平原等环境。较白条锦蛇分布偏南，分布于秦岭—淮河以南的河南、陕西、江苏、上海、安徽、浙江、湖北、江西、湖南、重庆、四川等省区。

① **王锦蛇** *Elaphe carinata* （地方名：菜花蛇、大王蛇、臭青公）

大型无毒蛇，体型粗壮，成体全长 200 cm 以上。头略大，与颈区分明显，眼较大，瞳孔似猫眼，形状随光强弱而变化。幼体与成体色斑差异较大，幼体背面浅黄褐色，有 4 道红褐色纵纹自颈后延伸至尾末，体背正中具若干红褐色或深褐色短横纹，体中后段不明显。随年龄增长，体色逐渐发生变化，头部部分鳞沟呈黑色，成体背面颜色较为多变，多见黄色、黄绿色、橄榄绿色等。个体间色斑变异较大，多数个体体前段至中段具多个宽大黑色横斑，体后段及尾多因鳞沟色黑而呈黑网纹。腹面黄色，腹鳞边缘呈黑色。体尾鳞片起棱明显。

栖息于平原、丘陵、山区等环境。捕食小型哺乳动物、蜥蜴、蛇类、鸟类、鸟蛋等。分布范围极为广泛，国内除黑龙江、吉林、辽宁、内蒙古、宁夏、青海、新疆、海南、西藏外各地均有分布。

② **团花锦蛇** *Elaphe davidi* （曾用名：黑镶锦蛇）

中等大小无毒蛇，成体全长 100 ~ 120 cm。头略大，略呈三角形，与颈区分明显，眼较大，瞳孔圆形。背面灰褐色，自颈后至尾末排列三行镶黑边的黑褐色圆斑，体背正中一行圆斑较两侧圆斑大。腹面浅黄色，散以褐色斑点。头背褐色，眼后有一眉纹斜向口角。

栖息于平原、丘陵、山区等环境。捕食小型哺乳动物、鸟类、鸟蛋等。国内分布于辽宁、内蒙古、北京、天津、河北、山西、山东、陕西等省区。

③ **百花锦蛇** *Elaphe moellendorffi* （地方名：百花蛇）

大型无毒蛇，成体全长可达 200 cm 以上。头较大，近梨形，与颈区分明显。头背绛红色，唇部灰色，背面灰绿色，体尾背面排列有三纵行镶黑边的褐色云朵状斑块，体背正中一行较大。尾背面呈红色。体尾腹面具有黑白相间的方块状色斑。

易混淆物种：环纹华游蛇。

主要栖息于喀斯特地貌山地、丘陵、岩洞等环境。晨昏活动，捕食小型啮齿动物、蝙蝠、鸟类、蜥蜴等。国内分布于广东和广西两省区。

① **黑眉锦蛇** *Elaphe taeniurus* （地方名：菜花蛇）

大型无毒蛇，成体全长 150 cm 左右，最长者可达 200 cm 以上。头较大，窄长，与颈区分明显。眼后有一粗大黑色眉纹，唇部黄色。背面黄色或黄绿色，自颈后至体后段具有"工"字形纹或"蝴蝶结"纹，体背纹路自体后段开始逐渐不显。体侧具有褐色杂斑，体后段杂斑两侧各有 1 道黑褐色纵线，逐渐汇合延伸至尾末。体尾腹面黄白色，上有黑褐色方块状色斑。体色、纹路、舌颜色因亚种不同而略有差异。在我国分布的有指名亚种（*E. taeniurus taeniurus*）、台湾亚种（*E. taeniurus friesei*）、越北亚种（*E. taeniurus mocquardi*）和云南亚种（*E. taeniurus yunnanensis*）。

平原、丘陵、山区均可见其踪影。晨昏活动，捕食小型啮齿动物、鸟类、蛙类等。国内分布极为广泛，除黑龙江、吉林、辽宁、内蒙古、宁夏、青海、新疆以外各省区均有分布。

丽蛇属 *Euprepiophis*

② **玉斑丽蛇** *Euprepiophis mandarinus* （曾用名：玉斑锦蛇 地方名：高砂蛇）

中等大小无毒蛇，成体全长 120 ~ 140 cm。头部较小，呈椭圆形，与颈部区分不甚明显。体背色斑极为艳丽，背面黄褐色、红褐色或灰色，体尾背面正中有数十个黑色菱形斑，菱形斑中心为黄色，外围镶嵌细的黄边。头背具三道黑斑，前两道为横斑，第三道呈倒"V"形。腹面白色，左右两侧具有交错排列的黑色方块状色斑。

平原、丘陵、山区均可见其踪影。国内分布较为广泛，除黑龙江、吉林、内蒙古、山东、宁夏、青海、新疆、海南以外各省区均有分布。

③ **横斑丽蛇** *Euprepiophis perlacea* （曾用名：横斑锦蛇）

中等大小无毒蛇，成体全长 110 ~ 130 cm。体型、体色等与玉斑丽蛇相仿，主要区别在于：体背无黄色菱形斑，但具有两两一组的黑色横纹，横纹之上具白色珠点。

栖息于山地。数量较为稀少，国内仅分布于四川西部地区。

树锦蛇属 *Gonyosoma*

① 尖喙蛇 *Gonyosoma boulengeri*

中等大小无毒蛇，成体全长 100 ～ 120 cm。头部窄长，吻端有一被鳞的锥状突。初生幼体背面灰色，随年龄增长逐渐转为灰绿，最终转为深绿色。背鳞有黑色或白色边缘，幼体时尤为明显。腹面黄绿色。自吻端经眼至口角有一粗黑纹（少数个体无此粗黑纹）。尾细长，善于攀缘。

生活于亚热带森林环境，主营树栖生活。捕食蜥蜴、鸟类等。国内分布于海南、广西，国外分布于越南北部。

② 灰腹绿锦蛇 *Gonyosoma frenatum*

中等偏大无毒蛇，成体全长 100 ～ 140 cm。头部椭圆形，较窄长。眼中等大小，瞳孔圆形，虹膜呈黄色，两侧有深色暗带。有一黑色眉纹自鼻孔，经眼至颌角。背面绿色，背鳞间皮肤黑色，腹面黄色，腹鳞两侧呈浅蓝灰色。幼体与成体色斑差异极大，幼体背面呈灰色，体背具有若干黑褐色短横斑，头背鳞沟呈黑色。

栖息于植被茂密的丘陵、山区，常营树栖生活。捕食蜥蜴、鸟类及小型啮齿动物等。国内分布于河南、安徽、浙江、湖南、福建、广东、广西、四川、贵州等省区。

③ 绿锦蛇 *Gonyosoma prasinum*

中等大小无毒蛇，成体全长 80 ～ 100 cm。头部椭圆形，较窄长。眼中等大小，瞳孔圆形，虹膜呈淡蓝色。背面绿色，背鳞间皮肤黑色杂以白色，腹面黄绿色。初生幼体虹膜黄绿色，头背及体背多散布黑色斑点。

易混淆物种：翠青蛇。

栖息于植被茂密的山区。捕食蜥蜴及小型啮齿动物等。国内分布于海南、四川、贵州、云南等省区。

东亚腹链蛇属 *Hebius*

① 无颞鳞腹链蛇 *Hebius atemporalis* （曾用名：无颞鳞游蛇）

中等偏小无毒蛇，成体全长 50 ~ 60 cm。头略圆形，瞳孔圆形。上下唇缘白色，头体背面棕褐色，体背两侧各有 1 道稍浅的棕色纵纹自颈后延伸至尾末。枕部无枕斑。上唇鳞 6 枚，第五枚上唇鳞非常大，直接与顶鳞相接，其间无颞鳞相隔。腹面白色，腹鳞两侧具腹链纹。

多活动于丘陵、山区近水源处。国内分布于广东、香港、广西、贵州、云南等省区。

② 黑带腹链蛇 *Hebius bitaeniatus* （曾用名：黑带游蛇）

中等偏小无毒蛇，成体全长 50 ~ 60 cm。头椭圆形，瞳孔圆形。头体背面深橄榄褐色，自枕部起体两侧各有 1 道镶黑边的浅黄色纵纹直贯尾末。腹面黄色，腹鳞两侧具腹链纹。

多活动于丘陵、山区近水源处。捕食鱼类、蛙类等。国内分布于湖南、广东、贵州、云南等省区。

③ 白眉腹链蛇 *Hebius boulengeri* （曾用名：白眉游蛇）

中等偏小无毒蛇，成体全长 50 ~ 60 cm。头椭圆形，瞳孔圆形。背面深黑灰色或深黑褐色，眼后有 1 道白色细纹延伸至枕侧，体背两侧各具 1 道砖红色纵纹自枕部延伸至尾末，砖红色纵纹多与眼后白纹相连。腹面白色，腹鳞两侧具腹链纹。

多活动于丘陵、山区近水源处。捕食鱼类、蛙类等。国内分布于福建、江西、湖南、广东、海南、香港、广西、贵州、云南等省区。

① 锈链腹链蛇 *Hebius craspedogaster* （曾用名: 锈链游蛇）

中等偏小无毒蛇，成体全长 60 cm 左右。头椭圆形，瞳孔圆形。头背红褐色，枕部两侧有 1 对白色枕斑，上唇鳞后缘色深。体尾背面黑褐色，体背两侧各有 1 道锈红色纵纹自颈后延伸至尾末，纵纹上常具等距排列的白色点斑。腹面黄色，腹鳞两侧具腹链纹。

多活动于平原、丘陵、山区近水源处。捕食鱼类、蛙类等。分布较为广泛，河南、陕西、甘肃、江苏、安徽、浙江、福建、湖北、江西、湖南、广东、广西、重庆、四川、贵州等省区均有分布。

② 八线腹链蛇 *Hebius octolineatus* （曾用名: 八线游蛇）

中等偏小无毒蛇，成体全长 60 ~ 80 cm。头椭圆形，瞳孔圆形，上唇鳞后缘色深。背面黄褐色，体背具多道褐色纵纹，自颈后延伸至尾末，体背两侧另有 1 条较醒目的黑褐色纵纹，自眼后延伸至尾末。腹面黄色，腹鳞两侧具腹链纹。

多活动于丘陵、山区近水源处。捕食鱼类、蛙类等。国内分布于广西、四川、贵州、云南等省区。

③ 丽纹腹链蛇 *Hebius optatus* （曾用名: 丽纹游蛇）

中等偏小无毒蛇，成体全长约 60 cm。头椭圆形，吻端略平截，眼较大，瞳孔圆形。背面深灰褐色，体尾背面等距排列若干镶黑边的黄色或白色细横纹，体尾末端较不明显。眼下有两道白色短纵纹，两眼后各有 1 条白色细纹汇合于颈。腹面黄色，腹鳞两侧具腹链纹。

多出没于山涧溪流附近。主要以鱼类为食。国内分布于湖南、广西、重庆、四川、贵州等省区。

1 **东亚腹链蛇** *Hebius vibakari* （曾用名: 灰链游蛇）

中等偏小无毒蛇，成体全长约 60 cm。头椭圆形，瞳孔圆形。头背褐色，枕部两侧有 1 对细长的浅色枕斑，上、下唇鳞多呈白色，其后缘色深。体尾背面多呈黄褐色、红褐色。腹面黄白色，腹鳞两侧具腹链纹。

栖息于河流、湿地附近。捕食鱼类、两栖动物等。国内分布于黑龙江、吉林、辽宁三省。

秘纹蛇属 *Hemorrhois*

2 **花脊秘纹蛇** *Hemorrhois ravergieri* （曾用名: 花脊游蛇、花脊蛇）

中等大小无毒蛇，成体全长 100 ~ 150 cm。头部椭圆形，略大，与颈区分明显。体尾背面砂黄色或砂灰色。眼后有一褐色眉纹斜至口角，头背有 1 个略呈 "M" 形或 "八" 字形色斑，背面有三行深棕色色斑交错排列，体背正中一行较大，体两侧色斑较小，尾部色斑多连缀成纵纹。

栖息于半荒漠草原。捕食小型啮齿动物及蜥蜴等。国内分布于新疆，国外分布于中亚。

链蛇属 *Lycodon*

3 **赤链蛇** *Lycodon rufozonatum* （地方名: 火赤链、红斑蛇）

中等大小无毒蛇，成体全长 80 ~ 130 cm。头较大，吻端稍宽且略扁，在受到威胁时头常缩成近似三角形，且上颌最后一组上颌齿较大，故常被误认为是毒蛇。背面黑色伴有等距排列的红色窄横斑，腹面为污白色，体侧有黑红相杂的斑纹。在其枕部有 1 条倒 "V" 形红色斑纹。

多于傍晚出没于水源地附近。食性极广，捕食鱼类、蛙类、蛇类、蜥蜴、小型哺乳动物、鸟类等。在我国属于优势种且受放生活动影响，除西部地区的内蒙古、宁夏、新疆、西藏等省区未见报道外，其他各省区均有分布。

① **黄链蛇** *Lycodon flavozonatum*

中等大小无毒蛇，成体全长 100 cm 左右。体型、斑纹形状与赤链蛇相仿，主要区别在于：横斑颜色为黄色。

栖息于丘陵、山区。主要捕食蜥蜴、蛇类等。国内主要分布于安徽、浙江、江西、湖南、福建、广东、海南、广西、四川、贵州、云南等省区。

② **粉链蛇** *Lycodon rosozonatum*

中等大小无毒蛇，成体全长 100 cm 左右。体型、斑纹形状与赤链蛇相仿，主要区别在于：横斑颜色为粉红色。

栖息于丘陵、山区。主要捕食蜥蜴、蛇类及蛙类等。是我国海南省的特有物种。

③ **黑背链蛇** *Lycodon ruhstrati* （曾用名：黑背白环蛇 地方名：白梅花蛇）

中等大小无毒蛇，成体全长 70 ~ 110 cm。头略大而稍扁，与颈区分明显。背面黑色或黑褐色，体背具数十个污白色环纹，体中后端白色环纹常夹褐色色斑。腹面污白色，具黑色斑点但不具环纹。幼蛇头及枕部有 1 个较宽大的白色横斑。

栖息于山区。多于傍晚出没，主要捕食蜥蜴等爬行动物。国内分布较为广泛，见于北京、天津、陕西、江苏、安徽、浙江、江西、湖南、福建、台湾、广东、香港、广西、四川、贵州等省区。

④ **福清链蛇** *Lycodon futsingensis* （曾用名：福清白环蛇）

中等大小无毒蛇，成体全长 70 ~ 120 cm。头大而扁，与颈区分明显。体型、斑纹形状与黑背链蛇相仿，主要区别在于：幼体体背环纹呈粉白色。成体后环纹颜色逐渐转为污白色，或同黑背链蛇一样白色环纹夹褐色色斑。与黑背链蛇最主要区别在于：腹鳞数及尾下鳞数较黑背链蛇少；背鳞更光滑。

栖息于多林木的中低海拔山区。多于傍晚出没，主要捕食蜥蜴和蛇类等。国内分布于浙江、江西、湖南、福建、广东、广西等省区。

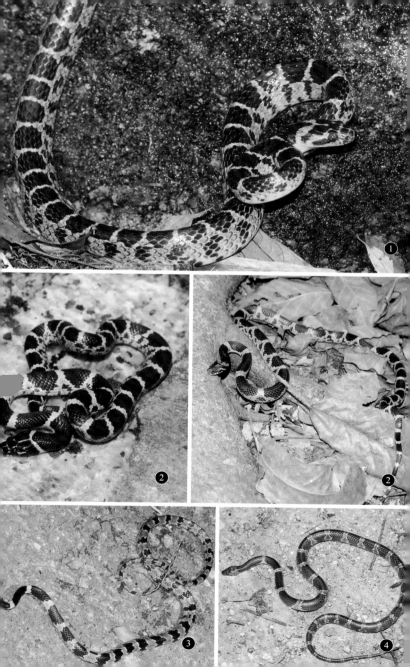

❶ 细白链蛇 *Lycodon subcinctus* （曾用名: 细白环蛇）

　　中等大小无毒蛇，成体全长 70 ～ 90 cm。头略大而稍扁，与颈区分明显。幼体时，背面黑色或黑褐色，头背及枕部有 1 个较宽大的白色横斑，体背具数十个白色环纹，环纹间距较本属其他种较大；成体后，头背呈灰褐色，枕部颜色较白。体前段环纹明显，黑白分明。自体中后段起，体背颜色转为灰褐色，白色环纹模糊或消失。

　　栖息于丘陵及山区等环境。国内分布于福建、广东、海南、香港、澳门、广西等省区，国外分布于东南亚地区。

❷ 刘氏链蛇 *Lycodon liuchengchaoi* （曾用名: 刘氏白环蛇）

　　中等大小无毒蛇，成体全长 70 ～ 90 cm。头略大而稍扁，与颈区分明显。幼体时，背面黑色，头背及枕部有 1 个较宽大的黄色横斑，体背具数十个黄色环纹，环纹边缘呈锯齿状；成体后，环纹逐渐由黄色转为奶油黄色，枕部横斑模糊不清。中段背鳞 17 行，肛鳞二分。

　　栖息于丘陵及山区等环境。多于傍晚活动，主要捕食蜥蜴等爬行动物。国内分布于陕西、安徽、湖北、四川等省区。

颈棱蛇属 *Macropisthodon*

❸ 颈棱蛇 *Macropisthodon rudis* （地方名: 伪蝮蛇、伪龟壳花）

　　中等大小无毒蛇，体型短粗，成体全长 60 ～ 80 cm。头大，略呈三角形，与颈区分明显，眼大，瞳孔圆形。受惊时，颈部肌肉收缩使颌骨向两侧扩展，使头呈三角形，加之色斑与剧毒的蝮蛇类似，故常被误认为是毒蛇。幼年时头背黄褐色，成体后转为黑褐色。有一细黑线自吻端经鼻孔、眼一直延伸至头颈处。细黑线以下的面颊为土黄色或土红色。体背黄褐色，具若干成对排列的黑褐色近椭圆形斑块，体前段的深色斑块多两两愈合成一块。腹面黄褐色。

　　多见于山区近水源地区。捕食蛙类、蜥蜴等。幼体喜食蚯蚓、蝌蚪等。国内分布于河南、安徽、浙江、江西、湖南、福建、台湾、广东、广西、四川、贵州、云南等省区。

水游蛇属 *Natrix*

① 水游蛇 *Natrix natrix*

中等大小无毒蛇，成体全长 80 cm 左右。头部椭圆形，瞳孔圆形。枕部两侧有 1 对较大的橘黄色色斑。背面橄榄绿色或灰绿色，散布少量黑斑。腹面黄白色，腹鳞中央有大块黑色色斑。

栖息于河流、湖泊、沼泽等靠水源生境，半水栖生活。捕食鱼类、蛙类等。国内仅分布在新疆西部，国外广泛分布于欧洲、中亚和非洲西北部。

② 棋斑水游蛇 *Natrix tessellata*

中等大小无毒蛇，成体全长 80 cm 左右。头部椭圆形，略长，瞳孔圆形。背面橄榄绿色，有数行交错排列的黑色斑，交织呈网纹。腹面黄白色，腹鳞中央有大块黑色色斑。

栖息于河流、湖泊、沼泽等靠水源生境，半水栖生活。捕食鱼类、蛙类等。国内仅分布在新疆西部，局部数量较多，国外广泛分布于中欧、中亚和非洲东北部。

小头蛇属 *Oligodon*

③ 菱斑小头蛇 *Oligodon catenatus*

中等偏小无毒蛇，成体全长 50 ~ 60 cm。头较小，与颈区分不明显。头体背面灰褐色，头背具 1 个近 "灭" 字形色斑，体背正中具数十个头尾相连的暗橙色菱形斑，贯穿体尾。头体腹面朱红色，腹鳞两侧杂以白色和黑色短横斑，尾腹面朱红色。

栖息于丘陵、山区。以爬行动物的卵为食。国内分布于福建、广东、广西。

① 中国小头蛇 *Oligodon chinensis*

中等大小无毒蛇，成体全长 70 cm 左右。头较小，与颈区分不明显。背面黄褐色或灰褐色，吻背有 1 个略呈三角形的黑褐色横纹，经眼斜达第五、第六上唇鳞，颈背有一黑褐色 "人" 字形斑纹，体尾背面等距排列十余道黑褐色的菱形横斑，横斑两两之间常有黑褐色细横纹。部分个体背脊中央有一橘红色纵脊纹。腹面黄白色，两侧散有方块状灰褐色色斑。遇到威胁时，常将尾盘起并向上翘起。

栖息于平原、丘陵、山区。以爬行动物的卵为食。长江以南大部分省区多有分布。

② 紫棕小头蛇 *Oligodon cinereus*

中等偏小无毒蛇，成体全长 50 ~ 60 cm。头较小，与颈区分不明显。头背无斑，体尾背面紫棕色，部分鳞沟色黑而呈波浪形细横纹。

栖息于平原、丘陵、山区。国内分布于于福建、广东、广西、海南、香港等省区。

③ 台湾小头蛇 *Oligodon formosanus* （地方名: 赤背松柏根）

中等大小无毒蛇，成体全长 60 ~ 90 cm。头较小，与颈区分不明显。体色较为多变，背面常见黄褐色或红褐色，部分黄褐色个体背脊中央有 1 条橘红色纵脊纹。头背具一近 "灭" 字形色斑，体尾背面有多行成对排列的黑褐色细横纹。腹面黄白色。

栖息于平原、丘陵、山区。国内分布较广，长江以南大部分省区多有分布。

④ 圆斑小头蛇 *Oligodon lacroixi*

中等偏小无毒蛇，成体全长 50 ~ 60 cm。头较小，与颈区分不明显。头背灰黑色，具白色横斑及 "V" 形斑。体背深灰色，自头颈部其向后延伸 4 条灰黑色纵纹至尾末，其中内部 2 条较宽，外部 2 条较窄，沿背脊等距排列多个镶灰黑色边的浅橘色圆斑。腹面橘红色，腹鳞两侧具黑色方斑。

栖息于山区。以爬行动物的卵为食。国内见于四川及云南等省区。

滞卵蛇属 *Oocatochus*

① **红纹滞卵蛇** *Oocatochus rufodorsatus* （曾用名：红点锦蛇　地方名：三线蛇）

中等大小无毒蛇，成体全长 60 ～ 100 cm。头部椭圆形，瞳孔圆形。背面黄褐色，背脊正中有一红色纵纹自颈后延伸至尾末。其两侧各有 1 条黑褐色纵纹，有时断离呈点斑或呈不完整的弧形斑。头背有尖端向前的"V"形斑，眼后有一黑褐色眉纹，或与体背黑褐色纵纹相连。腹面浅黄色，散以方块状黑斑。

半水栖生活，营卵胎生殖，常见于平原、丘陵地区的水塘、稻田、养鱼池等地。白昼活动，捕食鱼类、蛙类等。国内分布极为广泛，且受人为放生影响，除甘肃、宁夏、青海、新疆、西藏等省区未见报道外，其余各省区皆有分布。

后棱蛇属 *Opisthotropis*

② **莽山后棱蛇** *Opisthotropis cheni*

中小型无毒蛇，成体全长 50 ～ 70 cm。头部椭圆形，与颈区分不明显。前额鳞单枚，宽大于长。背面橄榄绿色，体背具若干黄色横纹，左右横纹彼此交错或于背中线相连。无眶前鳞，中段背鳞 17 行。

半水栖生活，多出没于多乱石的低海拔溪流中。捕食蚯蚓、水生昆虫、小鱼等。国内分布于湖南、广东两省。

③ **广西后棱蛇** *Opisthotropis guangxiensis*

中小型无毒蛇，成体全长 40 ～ 60 cm。头部椭圆形，与颈区分不明显。前额鳞单枚，宽大于长。体型、色斑与莽山后棱蛇相仿，区别在于：中段背鳞 15 行。

半水栖生活，多出没于多乱石的低海拔溪流中。捕食蚯蚓、水生昆虫、小鱼等。国内仅分布于广西壮族自治区。

1 挂墩后棱蛇 *Opisthotropis kuatunensis*

中小型无毒蛇，成体全长 60 cm 左右。头部椭圆形，与颈区分不明显。前额鳞单枚，宽大于长。背面黄褐色，自颈后至尾有 3 道连续或不连续纵纹贯穿，腹面黄白色。背鳞具强棱。

半水栖生活，多出没于多乱石的山涧溪流中。夜晚活动捕食蚯蚓、小鱼等。国内分布于浙江、江西、福建、广东、香港、广西等省区。

2 侧条后棱蛇 *Opisthotropis lateralis*

小型无毒蛇，成体全长 40 cm 左右。头部椭圆形，与颈区分不明显。前额鳞单枚，宽大于长。背面褐色或橄榄绿色，体两侧自眼至尾有 1 对黑色侧纵纹贯穿，侧纵纹以下及腹面黄白色，与背面颜色差异明显。

半水栖生活，多出没于多乱石的山涧溪流中。夜晚活动捕食蚯蚓、小鱼等。国内分布于湖南、广东、香港、广西、贵州等省区。

3 山溪后棱蛇 *Opisthotropis latouchii*

中小型无毒蛇，成体全长 50 cm 左右。头部椭圆形，与颈区分不明显。前额鳞单枚，宽大于长。背面橄榄绿色，体尾背面呈黑黄相间的多道纵纹，腹面浅黄白色。无眶前鳞，中段背鳞 17 行。

半水栖生活，多出没于多乱石的山涧溪流中。夜晚活动捕食蚯蚓等。国内分布于安徽、浙江、重庆、江西、湖南、福建、广东、广西、贵州等省区。

紫灰蛇属 *Oreocryptophis*

① 紫灰蛇 *Oreocryptophis porphyraceus* （曾用名: 紫灰锦蛇　地方名: 红竹蛇）

中等大小无毒蛇，成体全长 80 ～ 100 cm。头长椭圆形，与颈区分不甚明显。眼略小，瞳孔呈圆形。背面绛红色，体尾背面具两道黑纵线，自颈后或自体后端延至尾末，且等距排列有若干宽横斑，横斑中央浅褐色，外缘镶黑色边。横斑在其幼体时尤为明显，随年龄增长颜色逐渐暗淡。腹面污白色。头背正中有 1 条黑色短纵纹，两眼后各有 1 条黑色眉纹。体色、色斑因亚种不同而略有差异。

栖息于山区、丘陵等环境。国内分布较为广泛，秦岭—淮河以南大部分省区多有分布。

东方游蛇属 *Orientocoluber*

② 黄脊东方游蛇 *Orientocoluber spinalis* （曾用名: 黄脊游蛇　地方名: 白线子）

中等大小无毒蛇，躯体细长，成体全长 70 cm 左右，最长者可达 1 m。眼较大，瞳孔呈圆形。背面褐色，一条镶黑边的黄色纵纹由头背贯穿至尾末，腹面淡黄色。

多栖息于气候较为干旱的平原、丘陵地区。白昼活动，行动极为迅速，主要捕食蜥蜴，偶见捕食鼠类。国内分布于秦岭—淮河以北大部分省区。

颈斑蛇属 *Plagiopholis*

③ 福建颈斑蛇 *Plagiopholis styani*

小型无毒蛇，成体全长 30 ～ 40 cm。头较小，与颈区分不明显。体型呈圆柱形，尾短。背面黄褐色或橄榄灰色，部分背鳞边缘呈黑色，交织呈黑色网纹。颈背有 1 个黑色箭斑。腹面浅黄色。上唇鳞 6 枚，唇鳞白色或浅黄色，吻鳞及唇鳞沟黑色，前颞鳞 2 枚，后颞鳞 2 枚，眶后鳞 2 枚。

栖息于森林地表层。夜间活动，捕食蚯蚓等无脊椎动物。国内分布于甘肃、安徽、浙江、福建、台湾、湖北、江西、湖南、广西、四川等省区。

斜鳞蛇属 *Pseudoxenodon*

❶ 大眼斜鳞蛇 *Pseudoxenodon macrops* （地方名: 气扁蛇）

中等大小无毒蛇，成体全长 100 cm 左右。头部椭圆形，眼大，瞳孔圆形。脊鳞两侧的背鳞窄长，排列成斜行。受惊时常直立起前半身，颈部平扁扩大，故常被误认为是眼镜蛇。背面颜色变化极为多样，常见底色有红色、黄色、褐色、橄榄绿色等，上有深色花纹与底色交错排列成复杂花纹，其颈背有一粗大的深色箭形斑。腹面污白色，上有深色色斑。上唇鳞后缘常镶黑边。

栖息于山区水源地旁捕食蛙类。国内分布较为广泛，淮河以南大部分省区多有分布。

❷ 纹尾斜鳞蛇 *Pseudoxenodon stejnegeri* （曾用名: 花尾斜鳞蛇）

中等大小无毒蛇，成体全长 80 cm 左右。体型、色斑、习性等与大眼斜鳞蛇相仿，主要区别在于: 体背花纹自体后段汇合成两侧镶黑色的浅色纵纹，贯穿至尾尖。

栖息于山区水源地旁捕食蛙类。国内见于河南、甘肃、安徽、浙江、江西、福建、台湾、广西、四川、贵州等省区。

❸ 横纹斜鳞蛇 *Pseudoxenodon bambusicola*

中等大小无毒蛇，成体全长 60 cm 左右。头部椭圆形，眼大，瞳孔圆形。背面颜色多为黄褐色或紫灰色，上有多道宽大的深色横纹。腹面黄白色。头背有一近似五边形的深色箭斑，箭斑内部有一呈圆形或矩形的浅色斑纹。头侧另有一粗黑纹起自鼻间鳞经眼达口角。

栖息于山区水源地旁捕食蛙类。国内分布于福建、浙江、江西、湖南、广东、海南、广西、贵州等省区。

鼠蛇属 *Ptyas*

❶ 乌梢蛇 *Ptyas dhumnades* （地方名：过山刀、乌风蛇）

大型无毒蛇，成体全长 200 cm 左右。头部椭圆形，眼大，瞳孔圆形。幼年时背面黄绿色，身体两侧各有两条黑色纵线由颈后一直延伸到尾末端。随着年龄的增长，体色愈发暗淡，转为黄褐色或灰褐色，有些个体甚至转为纯黑色，身体前半部黑色纵线仍清晰可见，后半部体色明显变深黑色纵线变得模糊不清甚至消失。腹面前段白色或黄色，后段颜色逐渐加深至浅黑褐色。

栖息于山林、平原、丘陵等环境。日间常出没于水源地附近，行动敏捷，快速移动或游泳时头部常昂起。以蛙类、小型哺乳动物为食，偶见捕食鱼类。国内分布甚为广泛，除黑龙江、吉林、辽宁、内蒙古、山东、宁夏、青海、新疆、海南、西藏以外，其余各省区均有分布。

❷ 灰鼠蛇 *Ptyas korros* （地方名：榕蛇、过树榕、细纹南蛇）

大型无毒蛇，成体全长 120 ~ 180 cm。头部椭圆形，眼大，瞳孔圆形。背面棕褐色，每枚背鳞边缘呈黑色，故呈网状细纹，体后部尤为明显，腹面浅黄色。幼年时，体背具有多道白色斑点组成的环纹，随年龄的增长逐渐消失。

栖息于山林、平原、丘陵等环境，地栖、树栖生活。行动敏捷，捕食蛙类、蜥蜴、小型哺乳动物、鸟类等。国内分布于安徽、浙江、江西、湖南、福建、台湾、广东、海南、香港、澳门、广西、贵州、云南等省区。

❸ 黑线乌梢蛇 *Ptyas nigromarginatus*

大型无毒蛇，成体全长 200 cm 左右，最长可达 300 cm 以上。体型、生活习性与乌梢蛇相仿，主要区别在于：幼年时背面鲜绿色，身体两侧各有两条黑色纵线由颈后一直延伸到尾末端。随着年龄的增长，体色虽比幼年时明显暗淡，但仍保持绿色。身体前半部分黑色纵线消失，后半部分保留。头部黄绿色，颌下白色，腹面黄白色或黄绿色，近尾端颜色较深。

国内分布于四川、贵州、云南、西藏等省区。

1 滑鼠蛇 *Ptyas mucosus* （地方名：水律、南蛇）

大型无毒蛇，成体全长 200 cm 左右，最长可达 300 cm 以上，甚粗壮。头部椭圆形，眼大，瞳孔圆形。背面棕褐色，具不规则锯齿状黑色横纹，在尾背形成黑色网纹。腹面浅黄色，腹鳞边缘黑色。上唇鳞、下唇鳞后缘黑色。性情凶猛，受惊时抬起身体前半段，颈部侧扁，发出嘶嘶声。

行动敏捷，白天常在水源附近活动。食性较广，捕食蛙类、鸟类、小型哺乳动物、蜥蜴，偶见捕食蛇类。国内分布广泛，长江以南各省区大多有分布。

颈槽蛇属 *Rhabdophis*

2 海南颈槽蛇 *Rhabdophis adleri*

中等大小毒蛇，成体全长 60 ~ 80 cm。头部椭圆形，眼大，瞳孔圆形。受惊时常直立起前半身，颈部平扁扩大。颈背正中有颈槽。头背橄榄棕色，体背颜色自头颈后至尾末逐渐由橄榄绿色向橄榄棕色加深过渡，其上具黄白色或橙色短横纹。

栖息于水源地旁捕食蛙类、鱼类等。国内仅分布于海南省。

3 喜山颈槽蛇 *Rhabdophis himalayanus* （曾用名：喜山游蛇）

中等大小毒蛇，成体全长 60 ~ 80 cm。头部椭圆形，眼大，瞳孔圆形。受惊时常直立起前半身，颈部平扁扩大。颈背正中有颈槽。背面橄榄绿色，头枕部有 1 对橘红色枕斑，体尾背面具数十道黑褐色短横纹，每道横纹之上有 1 对橘红色点斑。上唇鳞 8 枚。

栖息在山区林地近水源处。国内分布于云南及西藏两省区，国外分布于缅甸北部、尼泊尔、印度。

1 缅甸颈槽蛇 *Rhabdophis leonardi*

中等大小毒蛇，成体全长 60 ~ 80 cm。体型、生活习性与湖北颈槽蛇相仿，主要区别在于：中段背鳞 17 行。

栖息在山区林地近水源处。国内分布于四川、云南、西藏等省区。

2 黑纹颈槽蛇 *Rhabdophis nigrocinctus*

中等大小毒蛇，成体全长 90 ~ 130 cm。头部椭圆形，眼大，瞳孔圆形。受惊时常直立起前半身，颈部平扁扩大。颈背正中有颈槽。幼体时，头背灰黑色，头部两侧、眼后、颈后各有黑色线纹，枕部具橙黄色色斑，体尾背草绿色，等距分布数十道细黑纹；成体后，头背颜色逐渐转为黄褐色，枕部色斑消失，体背自中后段逐渐由橄榄绿色向橄榄棕色加深过渡。

栖息在山区林地近水源处。国内仅分布于云南省。

3 湖北颈槽蛇 *Rhabdophis nuchalis* （曾用名: 颈槽蛇、颈槽游蛇）

中等大小毒蛇，成体全长 60 ~ 80 cm。头部椭圆形，眼大，瞳孔圆形。受惊时常直立起前半身，颈部平扁扩大。颈背正中有颈槽。背面橄榄色，多数个体体侧绛红色。腹面污白色，伴有不规则黑色斑。上唇鳞 6 枚，第 5 枚最长。中段背鳞 15 行。

栖息在山区林地近水源处。捕食蚯蚓、蛞蝓等无脊椎动物及鱼类等。国内分布于河南、陕西、甘肃、湖北、广西、四川、贵州、云南等省区。

4 九龙颈槽蛇 *Rhabdophis pentasupralabialis* （曾用名: 颈槽蛇九龙亚种）

中小型毒蛇，成体全长 50 cm 左右。体型、生活习性与湖北颈槽蛇相仿，主要区别在于：背面以橄榄绿色为主，偶见绛红色。上唇鳞 5 枚。但该属蛇类上唇鳞数量种内亦有变异，不可作为唯一鉴别特征，还需结合色斑与分布。

栖息于山区、林地近水源处。国内分布于四川、云南两省。

① **虎斑颈槽蛇** *Rhabdophis tigrinus* （曾用名: 虎斑游蛇　地方名: 野鸡脖子）

中等大小毒蛇，成体全长 90 ~ 130 cm。头部椭圆形，眼较大，瞳孔圆形。受惊时常直立起前半身，颈部平扁扩大。颈背正中有颈槽。背面草绿色、青绿色或深绿色，躯干前段自颈后有黑红相间的色块，一直延伸至体中段逐渐消失。大陆亚种（*R. tigrinus lateralis*）体中后端草绿色伴有少量黑色斑，台湾亚种（*R. tigrinus formosanus*）体尾背面散以棋盘般交错排列的黑色斑。腹面污白色，伴有不规则黑色斑。

颈槽蛇属的蛇类具有毒液，其毒液由达氏腺直接分泌至口腔，通过撕咬形成的伤口流入体内。被咬后伤口红肿疼痛，血流不止。严重者会出现头痛头晕，皮下出血（紫癜）等症状，少数过敏者甚至会有生命危险，故对其毒性不可小觑。但其性情温驯，除非伸手捕捉，否则很少伤人。

易混淆物种: 黄斑渔游蛇。

栖息于水源地旁捕食蛙类、蟾蜍、鱼类等。国内分布广泛，除新疆、广东、海南、西藏等省区以外，各地均有分布。

② **红脖颈槽蛇** *Rhabdophis subminiatus* （曾用名: 红脖游蛇）

中等大小毒蛇，成体全长 90 ~ 120 cm。头部椭圆形，眼大，瞳孔圆形。受惊时常直立起前半身，颈部平扁扩大。颈背正中有颈槽。背面草绿色或青绿色。幼体头部蓝灰色，颈部有 1 个黑色斑，黑斑后接醒目的黄色斑，其后的体前段为红色。随着年龄的增长，头部转为和身体一样的草绿色，颈后黑色斑消失，黄色斑变黯淡。腹面黄白色。毒性与咬伤症状与虎斑颈槽蛇相同。

栖息于水源地旁捕食蛙类、蟾蜍、鱼类等。国内分布于福建、广东、海南、香港、广西、四川、贵州、云南等省区，国外分布于东南亚各国。

剑蛇属 *Sibynophis*

1 黑头剑蛇 *Sibynophis chinensis* （地方名：黑头蛇）

　　体型细长的小型无毒蛇，成体全长60～80 cm。头背灰黑色(偶见棕色)，上唇鳞白色，头颈部有1个黑斑，黑斑后缘有1条细白横纹，颈部后段常有一段黑色细纵纹。体背棕褐色，腹部白色，具腹链纹。

　　栖息于潮湿的山林、丘陵等地区。以蜥蜴为主食，偶食蛇、蛙。国内分布广泛，除黑龙江、吉林、辽宁、山东、内蒙古、宁夏、青海、新疆、西藏未见分布外，其余各省区均有分布。

华游蛇属 *Sinonatrix*

2 赤链华游蛇 *Sinonatrix annularis* （曾用名：水赤链游蛇　地方名：水赤链、赤腹游蛇）

　　中等大小无毒蛇，成体全长60 cm左右。头部呈椭圆形，较本属其他种略显钝圆。眼较小，虹膜多呈深橄榄绿色。头背橄榄灰色，唇部颜色较浅，唇鳞鳞沟呈黑褐色，头腹面白色。体尾背面橄榄灰色，背面具黑褐色环纹，年老个体背面色斑较为模糊。体尾腹面橘红色，上有数十个左右相对或相错的方块状黑色斑，色斑可延至体侧并与背面黑褐色环纹相连。背鳞起棱明显。

　　半水栖生活。夜晚常出没于稻田、水塘、溪流等水源地附近捕食鱼类、蛙类等。国内分布范围甚广，长江以南绝大多数省区多有分布。

3 乌华游蛇 *Sinonatrix percarinata* （曾用名：乌游蛇　地方名：白腹游蛇）

　　中等大小无毒蛇，成体全长80 cm左右。头部呈椭圆形，与颈区分明显。体型、斑纹形状与赤链华游蛇相仿，主要区别在于：乌华游蛇腹面白色，幼体体侧为橘红色，随年龄增长逐渐转为白色；唇鳞鳞沟绝大多数不呈黑褐色；虹膜颜色多呈浅橄榄绿色。

　　半水栖生活。常出没于稻田、水塘、溪流等水源地附近捕食鱼类、蛙类等。国内分布范围甚广，长江以南大多数省区多有分布。

1 **环纹华游蛇** *Sinonatrix aequifasciata* （曾用名：环纹游蛇）

　　中等偏大无毒蛇，成体全长 100 cm 左右，体型较本属其他种粗壮。头较长，略呈三角形，与颈区分明显。眼较小，虹膜多呈橙色。头背红褐色，体尾背面橄榄灰色，自颈后至尾末等距排列数十个红褐色或褐色的粗大色斑，色斑中心呈黄色。体尾腹面白色，两侧排列黑色方块状色斑，腹面色斑与背面色斑于体侧相接。唇鳞鳞沟不呈黑褐色。背鳞起棱明显。

　　半水栖生活，主要栖息于多乱石的溪流中。捕食鱼类、蛙类等。国内分布于福建、浙江、江西、湖南、广东、海南、香港、广西、重庆、四川、贵州等省区。

温泉蛇属 *Thermophis*

2 **西藏温泉蛇** *Thermophis baileyi*

　　中等大小无毒蛇，成体全长 60 ~ 80 cm。头椭圆形，与颈区分明显。头体背面橄榄灰色或灰褐色等，脊背正中及体两侧共有 3 列由黑褐色斑块连缀而成的不连续纵纹，其中脊背正中 1 列大而明显。腹面浅灰褐色，每枚腹鳞基部呈黑色。

　　半水栖生活。常出没于温泉附近溪流捕食蛙类、鱼类等。清晨时常会盘伏于温泉附近石块上吸收热量，繁殖期待产雌蛇会增加出没于温泉附近的频率，多将卵产于温泉附近土壤中。数量稀少，国内仅分布于西藏。

渔游蛇属 *Xenochrophis*

① 黄斑渔游蛇 *Xenochrophis flavipunctatus* （地方名：草花蛇）

中等大小无毒蛇，成体全长 80 cm 左右。头椭圆形，略大，与颈区分明显。体色较多变，体尾背面多为黄褐色、黄绿色、土黄色等，部分个体体侧散以红色。体背面散以黑色色斑，色斑交错排列呈棋盘状，体中后段起逐渐不显。头背橄榄灰色，眼后下方有 1 个黄色色斑，色斑两侧镶黑色细纹，黄色色斑在幼体时尤为明显，随年龄增长逐渐不显。颈部有一"V"形黑色斑。腹面污白色，每枚腹鳞基部呈黑色。

易混淆物种：虎斑颈槽蛇。

半水栖生活。常出没于稻田、水塘、养鱼池等水源地附近捕食蛙类、蟾蜍、鱼类等。国内分布范围甚广，长江以南绝大多数省区均有分布；国外分布于西亚、南亚及东南亚等地区。

眼镜蛇科 Elapidae

眼镜蛇科于世界范围内已记录约 362 种，目前可分为 3 个亚科，分别是眼镜蛇亚科（Elapinae）、海蛇亚科（Hydrophiinae）和扁尾海蛇亚科（Laticaudinae），广泛分布于亚洲、非洲、大洋洲、北美洲及南美洲。海生类群广泛分布于太平洋、印度洋和大西洋的温暖海域，全部为前沟牙毒蛇，是蛇类中毒性最强的类群。中国已报道 7 属 26 种。本手册收录 7 种，未包含海生类群。

环蛇属 *Bungarus*

② 金环蛇 *Bungarus fasciatus* （地方名：金脚带、金包铁）

中等偏大前沟牙类毒蛇，成体全长 120 ~ 170 cm，最长者可达225 cm。头椭圆形，略扁。脊棱明显，脊鳞扩大呈六角形。尾端钝圆。背面黑色，自颈后至尾末有数十道较宽的黄色环纹。头背黑色，有 1 个"∧"形黄色斑。毒液是神经毒素，中毒症状与银环蛇类似，但病程发展较缓慢，伤者常意识不到已中毒。

栖息于山区、丘陵。夜晚到水源地附近捕食鱼、蛙、蛇、蜥蜴、小型啮齿动物等。国内分布于江西、福建、广东、海南、广西、云南等省区。

① 银环蛇 *Bungarus multicinctus* （地方名：银脚带、银包铁、雨伞节）

中等偏大前沟牙类毒蛇，成体全长 120 ～ 170 cm。头椭圆形，略扁。脊棱明显，脊鳞扩大呈六角形。背面黑色，自颈后至尾末有数十道白色横纹。腹面污白色。幼体枕部有 1 对较大的白色色斑，随年龄增长逐渐褪去。

毒液是神经毒素，毒牙较小，被咬伤后几乎看不见伤口，且伤口不红不肿，容易被忽视而贻误治疗时机。伤者一般在 1 ～ 4 小时后出现头晕眼花、眼睑下垂、四肢乏力、谈吐含糊等症状，进而出现全身肌肉瘫痪、呼吸困难、呼吸麻痹等症状。急救时，应及时为患者佩戴呼吸机，并尽快注射抗银环蛇毒血清。

栖息范围广泛，山区、丘陵、平原都能见其踪影。夜晚到水源地附近捕食鱼、蛙、蛇、蜥蜴、小型啮齿动物等。国内长江以南大部分省区均有分布。

眼镜蛇属 *Naja*

② 舟山眼镜蛇 *Naja atra* （地方名：饭铲头、蝙蝠蛇、饭匙倩、扁颈蛇）

中大型前沟牙类毒蛇，体粗壮，成体全长 100 ～ 170 cm。头部椭圆形，与颈不易区分。受惊时常直立起前半身，颈部平扁扩大，做攻击姿态。背面黄褐色、深褐色或黑色，颈后有一宽大的白色饰纹，形态较为多变。多数个体自颈至尾有多道白色窄横斑。腹面前端黄白色，颈部以下有 1 条黑褐色宽横带斑，斑前有 1 对黑斑点，中段以后渐为灰褐色，以至黑褐色。

毒液是兼具血循毒和神经毒的混合毒，但以神经毒为主。在无眼镜蛇血清的情况下可用抗蝮蛇毒血清和抗银环蛇毒血清混合使用。被眼镜蛇咬伤后，伤口流血较少，周围麻木并有刺痛感，出现水血疱。被咬伤 1 ～ 2 小时后会出现呼吸困难、四肢无力等症状，严重者会因呼吸麻痹而死亡。

昼夜皆活动，多见于农田、灌丛、溪边等地。捕食蛙类、蜥蜴、蛇类、鸟类、鱼类和小型哺乳动物等。国内长江以南省区多有分布。

1 孟加拉眼镜蛇 *Naja kaouthia*

中大型前沟牙类毒蛇，体粗壮，成体全长 100 ~ 200 cm。头部椭圆形，与颈不易区分。受惊时常直立起前半身，颈部平扁扩大，做攻击姿态。体型、色斑、习性、毒理等与舟山眼镜蛇相仿，主要区别在于：颈后饰纹形态为"O"形。

昼夜皆活动，多见于农田、灌丛、溪边等地。国内分布于西南部，见于广西、四川、云南、西藏等省区。

眼镜王蛇属 *Ophiophagus*

2 眼镜王蛇 *Ophiophagus hannah* （地方名：过山风、过山乌、山万蛇）

世界最大的前沟牙类毒蛇，成体平均全长 300 ~ 400 cm，记录最大个体全长近 600 cm。头部椭圆形，与颈不易区分。受惊时常直立起前半身，颈部平扁略扩大，做攻击姿态。在眼镜王蛇的顶鳞正后有 1 对较大的枕鳞，这是其区别于其他蛇类的最大特征。成体背面黑褐色，颈背有 1 个"∧"形黄白色斑，自颈后到尾端有多道黄白色横纹。幼体颜色鲜亮，对比度高，背面为黑色，"∧"形色斑和横纹为鲜黄色，头背亦有 2 ~ 3 条鲜黄色横纹。

毒液是兼具血循毒和神经毒的混合毒，以神经毒为主。由于体型庞大，故排毒量巨大，被咬后伤者病程发展迅速，通常会出现伤口红肿疼痛、呼吸困难、四肢无力，后出现循环衰竭等症状。其毒液含有强烈的心脏毒素，可引发伤者急性心脏骤停而死亡。

栖息于植被茂密的山林中，主要捕食蛇类，偶食蜥蜴。雌蛇在繁殖期会将落叶聚拢于卵上，并盘伏于此，直至幼蛇孵化。国内主要分布于浙江、福建、江西、湖南、广东、海南、香港、广西、四川、贵州、云南、西藏等省区。

华珊瑚蛇属 *Sinomicrurus*

① 中华珊瑚蛇 *Sinomicrurus macclellandi* （地方名：赤伞节、环纹赤蛇）

中等大小前沟牙类毒蛇，成体全长 50 ~ 80 cm。头椭圆形，较小，与颈区分不明显。受威胁时，身体会往两侧略微扩展变扁，尾巴常盘卷或略微举起。头背黑色，有两条黄白色横纹，前条细，后条宽大。体背红褐色，自颈后至尾末有数十道镶黄边的黑色细横纹。腹面黄白色，纵向排列数十个大小不一的黑色横斑。

毒液是神经毒素，会麻痹呼吸中枢，严重者会因窒息死亡。

易混淆物种：赤链蛇、紫灰蛇。

栖息于山区丛林中。夜晚活动觅食，捕食小型蛇类及蜥蜴。国内长江以南大部分省区均有分布。

② 福建华珊瑚蛇 *Sinomicrurus kelloggi*

中等大小前沟牙类毒蛇，成体全长 60 cm 左右。形态、颜色、习性、毒理等与中华珊瑚蛇相仿，主要区别在于：头背黑色，有两条黄白色横纹，前条细，后条较粗，呈"Λ"形。

栖息于山区丛林中。国内分布于浙江、江西、湖南、福建、广东、广西、贵州、重庆等省区。

③ 海南华珊瑚蛇 *Sinomicrurus houi*

中等大小前沟牙类毒蛇，成体全长 60 cm 左右。形态、颜色、习性、毒理等与福建珊瑚蛇极为相似，主要区别在于：头背第二条黄白色条纹呈"八"字形，中间不相遇。

栖息于山区丛林中。仅分布于海南省。

蝰科 Viperidae

蝰科于世界范围内已记录约 362 种，目前可分为 3 个亚科，分别是蝰亚科（Viperinae）、白头蝰亚科（Azemiopinae）和蝮亚科（Crotalinae），广泛分布于亚洲、欧洲、非洲、北美洲及南美洲。全部为管牙毒蛇，均具有强烈的血循毒素或混合毒素，是蛇类中最为进步的类群。中国已报道约 11 属 40 种。本手册收录 30 种。

白头蝰属 *Azemiops*

1 白头蝰 *Azemiops kharini*

中小型管牙类毒蛇，成体全 ，50 ～ 80 cm。头略扁，呈三角形。体尾背面紫黑色，有 10 余道交错排列的橘红色窄横纹。头背白色或黄色，前额鳞至颈部有 1 对深色纵纹。腹面与体背颜色基本相同。

毒液为血循毒，被咬后伤口周围剧烈疼痛、红肿，并伴随出血。

栖息于低海拔山区。晨昏活动，捕食鼩鼱和小型啮齿动物。国内分布于陕西、甘肃、安徽、浙江、湖北、江西、湖南、福建、广东、广西、四川、贵州、云南等省区。

2 黑头蝰 *Azemiops feae*

中小型管牙类毒蛇，成体全长 50 ～ 70 cm。体型、生活习性、毒理与白头蝰相仿，主要区别在于：头背黑色，颊部白色，头背正中有 1 条白色纵纹。

栖息于低海拔山区。国内分布于云南南部及西南部。

尖吻蝮属 *Deinagkistrodon*

① 尖吻蝮 *Deinagkistrodon acutus* （地方名：五步蛇、百步蛇、蕲蛇、棋盘蛇、反鼻蛇）

中大型管牙类毒蛇，体型粗壮，成体全长 100 ~ 130 cm。头大，呈明显的三角形，吻尖上翘，颊部具有感知热量的颊窝。幼体头背浅褐色，体背粉棕色，上有 20 对左右对称的三角形深色斑，尾尖浅黄色。随着年龄增长，体色逐渐加深，成年后头背呈黑褐色，体背呈棕褐色，三角形色斑边缘呈黑褐色，内部为深褐色，尾尖转为黑褐色。腹面白色，具有如棋盘般交错排列的黑褐色斑。

毒液是血循毒，且排毒量巨大。被咬后伤口红肿、疼痛、流血不止。不久后伤口周围出现血水疱，全身出现内出血（紫癜）。严重者会出现组织坏死、休克，甚至死亡。如果被尖吻蝮咬伤，不可用刀片划开伤口扩创，这会导致血流不止且伤口久久不可愈合。亦不建议长时间用绷带结扎伤口，否则可能会由于局部毒液浓度过高而造成组织坏死。应及时赶往附近医院注射抗蛇毒血清。本种常盘伏于落叶层中，因伪装色极好而难以被察觉，人们在野外工作时应格外注意。

栖息于潮湿，阴凉的山林中。主要捕食小型啮齿动物，幼体亦捕食蛙类、蜥蜴、蛇类甚至小型无脊椎动物。国内广泛分布于长江以南大部分省区。

亚洲蝮属 *Gloydius*

① 短尾蝮 *Gloydius brevicaudus* （地方名：土球子、驴咒子、土公蛇、草上飞、七寸子）

中等大小管牙类毒蛇，体型短粗，成体全长 50～70 cm。中段背鳞 21 行。头部呈三角形，具颊窝。眼后有 1 道宽大的黑褐色眉纹，在其上缘镶以白色细纹。背面黄褐色、红褐色或灰褐色，左右两侧各有一行外缘较深的大圆斑，圆斑并排或交错排列，有些地区的个体背脊中央有 1 条棕红色纵线。腹面灰白色，密布红褐色或黑褐色细点。头腹面的颔片外侧有两长条深色色斑。尾短，颜色较浅，呈黄色或黄褐色。

毒液是混合毒，以血循毒为主。被咬后伤口周围剧烈疼痛、红肿、皮下淤血。严重者会出现休克、呼吸麻痹和急性肾功能衰竭。

分布范围广泛，丘陵、平原、低山等都能见其踪影。多于夜晚活动，捕食鱼类、蛙类、蜥蜴、小型哺乳动物，还曾观察到幼蛇捕食小型无脊椎动物。国内分布广泛，除黑龙江、吉林、内蒙古、宁夏、青海、新疆、广东、海南、广西、西藏等省区无分布外，其余各地均有分布。

② 乌苏里蝮 *Gloydius ussuriensis* （地方名：土球子、狗屎堆、七寸子）

中等偏小管牙类毒蛇，体型短粗，成体全长 40～60 cm。中段背鳞 21 行。体型、色斑与短尾蝮相似，主要区别在于：体色多呈红褐色或黑褐色；体背色斑轮廓较不明显；成体尾末端颜色较深，与身体同色。幼体和亚成体尾尖颜色较浅，呈黄色。头腹面的颔片外侧无深色色斑。

栖息于平原、低山。多出没于水源地附近。捕食鱼类和蛙类，偶食小型哺乳动物和蜥蜴，幼体亦会取食小型无脊椎动物。国内分布于黑龙江、吉林、辽宁及内蒙古东北部。

① 黑眉蝮 *Gloydius intermedius* （曾用名：岩栖蝮　别名：中介蝮　地方名：土球子、狗屎堆）

中等偏小管牙类毒蛇，体型短粗，成体全长 50 ~ 75 cm。中段背鳞 23 行。头部呈三角形，具颊窝。眼后有 1 道宽大的黑褐色眉纹，眉纹上缘无白色细纹。雌蛇背面红褐色，其上具多道深褐色的规则横斑；雄性背面土黄色或浅黄褐色等，背面横斑呈褐色。腹面灰白色或灰黑色；尾末端黑色。

栖息于山区、丘陵地区，盘伏于石缝、落叶层中。捕食小型啮齿动物、蜥蜴、鸟类等，幼体取食蜈蚣、鼠妇等小型无脊椎动物。国内分布于黑龙江、吉林、辽宁及内蒙古东部。

② 长岛蝮 *Gloydius changdaoensis*

中等大小管牙类毒蛇，体型短粗，成体全长 60 ~ 90 cm。中段背鳞 23 行。体型、色斑与黑眉蝮相似，主要区别在于：背面花纹为两个圆斑相对，边缘较不规则；眼后黑褐色眉纹比黑眉蝮细但比蛇岛蝮粗；眼睛占头部比例更大。

栖息于海岛、胶东半岛山区等环境。捕食迁徙经过的候鸟及小型哺乳动物等。国内分布于山东及江苏连云港。

③ 阿拉善蝮 *Gloydius cognatus*

中小型管牙类毒蛇，体型细长，成体一般不超过 50 cm。中段背鳞 23 行，个别 22 行但中后段仍为 23 行。头部略呈三角形，具颊窝。眼后具褐色眉纹，眉纹上下均具极细的白色细纹。体背底色多为沙黄色或乳白色，体两侧各一列暗黄色或黄褐色圆斑，圆斑大多连接呈横纹。

栖息于低山、丘陵、草原等环境。捕食蜥蜴、小型哺乳动物等。国内分布于内蒙古、宁夏、甘肃、青海及四川北部。

1 蛇岛蝮 *Gloydius shedaoensis* （地方名：贴树皮）

中等大小管牙类毒蛇，体型短粗，成体全长 50 ～ 96 cm。中段背鳞 23 行。头部呈三角形，具颊窝。眼后有 1 道较细的黑褐色眉纹，眉纹上缘无白色细纹。背面灰色或灰褐色，其上具边缘不规则的深褐色横斑或近似 "X" 形深褐色色斑。腹面灰白色，具细密深褐色细点。

栖息于海岛、辽东半岛山区等环境。捕食迁徙的候鸟，幼体时捕食鼠妇、蜈蚣等小型无脊椎动物。指名亚种（*G. shedaoensis shedaoensis*）仅分布于辽宁省大连市旅顺附近的蛇岛，眶后鳞绝大多数 3 枚；千山亚种（*G. shedaoensis qianshanensis*）分布于辽宁东部、南部山区，眶后鳞多数为 2 枚。

2 西伯利亚蝮 *Gloydius halys* （曾用名：中介蝮）

中等大小管牙类毒蛇，体型短粗，成体全长 50 ～ 80 cm。中段背鳞 23 行。头部呈三角形，具颊窝。眼后黑褐色眉纹上下缘均有较细的白色细纹。背面多褐色、橄榄灰色（大、小兴安岭分布），亦有个别种群个体黑白分明（内蒙古东部分布）。体两侧各具一列黑褐色块状斑或不规则圆斑，圆斑之间常连接。

栖息于山区、丘陵。捕食小型哺乳动物、蜥蜴等。国内分布于黑龙江、辽宁西部、内蒙古东北部、北京、河北等省区。分布于我国的为指名亚种（*G. halys halys*）。

3 华北蝮 *Gloydius stejnegeri* （曾用名：中介蝮）

中等大小管牙类毒蛇，体型粗壮，成体全长 60 ～ 90 cm。中段背鳞 23 行。头部宽大，呈明显的三角形，具颊窝。眼后有 1 道较宽的黑色眉纹，仅下缘有白色细纹（北京门头沟地区部分个体上缘也有不明显白色条纹）。背面黄褐色至棕褐色，体两侧各具一列规则的圆斑，圆斑之间常连接，与长岛蝮相似但颜色更深，且眼较小。

栖息于山区、丘陵。捕食小型哺乳动物、蜥蜴等。国内分布于北京、河北、山西、陕西、内蒙古、宁夏等省区。

1 **秦岭蝮** *Gloydius qinlingensis*

中等偏小管牙类毒蛇，成体一般全长约 50 cm。中段背鳞 21 行。头部略呈三角形，具颊窝。眼后具褐色眉纹，眉纹上下均无白色细纹。体背底色多为黄褐色或棕褐色，体背具由两侧圆斑联合而成的横斑，横斑边缘呈锯齿状，体色具白色侧线。

栖息于山地。捕食蜥蜴、小型哺乳动物等。国内分布于陕西秦岭。

2 **高原蝮** *Gloydius strauchi*

中等偏小管牙类毒蛇，成体全长 50 ~ 60 cm。中段背鳞 19 行或 21 行。头部较本属其他种更浑圆，具颊窝。眼后具褐色眉纹，眉纹上下均无白色细纹。体色多变，常见有黄褐色、灰褐色等，其上具杂乱色斑，色斑多数连缀呈纵行，体侧无侧线。

栖息于开阔平原、山地，捕食小型哺乳动物及蜥蜴等。国内分布于四川西部、西藏东部。

3 **红斑高山蝮** *Gloydius rubromaculatus*

中等偏小管牙类毒蛇，成体全长约 50 cm。中段背鳞 21 行，背鳞相对较光滑。头部俯视略呈椭圆形，侧视顶部略隆起呈拱形，吻棱不明显，具颊窝。头背多具麻点状不规则圆斑，头体背面底色为乳白色至淡黄褐色，体背具 2 列鲜红色至红褐色规则圆斑。虹膜深褐色近黑色，瞳孔黑色。

栖息于高山草甸、灌丛。捕食蛾类及高原林蛙等。国内分布于青海三江源地区。

烙铁头蛇属 *Ovophis*

1 山烙铁头蛇 *Ovophis monticola*

中等大小管牙类毒蛇，体型短粗，雌雄体型差异较大，成年雄性全长 40 ~ 50 cm，成年雌性全长 50 ~ 80 cm。头大，呈三角形，与颈区分明显，具颊窝。第四枚上唇鳞最大。背面黄褐色或红褐色，上有并排排列或相错排列的近矩形或三角形深褐色斑纹，色斑有时连接为锁链状。体两侧常各有一列较小色斑。腹面污白色，杂以浅褐色斑点。

毒液是血循毒。被咬后伤口周围剧烈疼痛、红肿，并伴随出血。严重者会出现严重内出血、休克和急性肾功能衰竭。

栖息于山区、丘陵多草木之处。主要于夜间活动，捕食小型哺乳动物、蜥蜴、蛙类等。捕食时有类似部分游蛇及蟒蛇的"绞杀"习性。国内分布于西南地区及西北地区的甘肃南部、陕西南部。

2 台湾烙铁头蛇 *Ovophis makazayazaya* （别名：山烙铁头蛇华东亚种　曾用名：山烙铁头蛇台湾亚种　地方名：阿里山龟壳花）

中等大小管牙类毒蛇，体型短粗，成体全长 50 ~ 70 cm。形态、习性、毒理等与山烙铁头蛇相仿，主要区别在于：头背橘红色，体背具大块橘红色色斑。

栖息于山区、丘陵多草木之处。国内分布于台湾、华东及华南地区。

3 越南烙铁头蛇 *Ovophis tonkinensis*

中等大小管牙类毒蛇，体型短粗，雌雄体型差异较大，成年雄性全长 40 ~ 50 cm，成年雌性全长 60 ~ 90 cm。形态、色斑、习性、毒理等与山烙铁头蛇相仿，主要区别在于：山烙铁头蛇尾下鳞双行；越南烙铁头蛇尾下鳞为单行。

栖息于山区、丘陵多草木之处。国内分布于广东、广西及海南省，国外分布于越南。

① **察隅烙铁头蛇** *Ovophis zayuensis* （别名: 山烙铁头蛇贡山亚种）

中等大小管牙类毒蛇，体型短粗，成体全长 50 ~ 70 cm。形态、色斑、习性、毒理等与山烙铁头蛇相仿，主要区别在于：该种第三枚上唇鳞最大。

栖息于山区、丘陵多草木之处。国内分布于西藏察隅县、墨脱县以及云南西部高黎贡山。

原矛头蝮属 *Protobothrops*

② **原矛头蝮** *Protobothrops mucrosquamatus* （曾用名: 烙铁头蛇 地方名: 龟壳花、烙铁头、野猫种）

中等大小管牙类毒蛇，体型细长，成体全长 80 ~ 120 cm。头大，呈三角形，与颈区分明显，具颊窝。头背黄褐色无特殊斑纹，眼后有 1 道褐色细眉纹。背面黄褐色或褐色，背脊中央有 1 列镶浅黄边的紫褐色色斑，色斑有时连接为锁链状，身体两侧亦各有 1 列较小色斑。腹面污白色，杂以浅褐色斑点。

毒液是血循毒，且排毒量较大。被咬后伤口周围剧烈疼痛，红肿，并伴随出血。严重者会出现严重内出血、休克和急性肾功能衰竭。

易混淆种：绞花林蛇。

栖息于山区、丘陵多草木之处。主要于夜间活动，捕食小型哺乳动物、鸟类、蜥蜴、蛙类等。分布十分广泛，国内长江以南大部分地区均有分布，南岭地区尤为常见。

③ **角原矛头蝮** *Protobothrops cornutus* （曾用名: 角烙铁头）

中等偏小管牙类毒蛇，体型细长，成体全长 60 ~ 80 cm。头大，呈三角形，与颈区分明显，具颊窝。头背灰色，头背自鼻孔以上至眼前方有一深褐色"X"形色斑，眼后至颞部又有 1 道深褐色近"八"字形纹。上眼睑以上有角状突起。体尾背面灰色或橄榄灰色，其上具前后缘镶金边的深褐色方块状色斑，色斑之间两两相连或交错排列。毒性和咬伤症状与原矛头蝮基本相同。

多栖息于具石灰岩地貌山区。捕食小型哺乳动物、蜥蜴、蛙类等。国内分布于浙江、广东、贵州等省区。

1 大别山原矛头蝮 *Protobothrops dabieshanensis*

中等大小管牙类毒蛇，体型细长，成体全长 80 cm 左右。头大，呈三角形，与颈区分明显，具颊窝。头背有 1 个模糊的 "A" 形浅色斑，眼后有 1 道较细的褐色眉纹。幼体背面灰白色或浅黄褐色，随着年龄增长，体色逐渐加深转为黄褐色。体背面具两两相对或相错排列的黑褐色三角斑，三角斑有时相互连接呈锁链状纹络，尾末端呈黄色或红棕色。中段背鳞 21 行。毒性和咬伤症状与原矛头蝮基本相同。

栖息于山区、丘陵多草木之处。国内分布于安徽、河南、湖北三省。

2 菜花原矛头蝮 *Protobothrops jerdonii* （曾用名：菜花烙铁头蛇、菱斑竹叶青）

中等大小管牙类毒蛇，体型细长，成体全长 80 ~ 120 cm。头大，呈三角形，与颈区分明显，具颊窝。头背有一略呈 "品" 字形的 3 个互相叠套的黄绿色细圈纹，眼后有 1 道较宽的黑色眉纹。体背具数个镶黑边的红色色斑，体两侧各有 1 列较小的黑褐色色斑，鳞间黑色，构成黑色网纹。高海拔地区个体体色较深，红色色斑多不显。中段背鳞多为 21 行，偶见 19 行。毒性与咬伤症状与原矛头蝮基本相同。

栖息于山区、丘陵多草木之处。白天常盘伏于石堆、灌木之下，多于夜间捕食小型哺乳动物、鸟类、蜥蜴、蛙类等。国内分布十分广泛，山西、河南、陕西、甘肃、湖北、湖南、广西、重庆、四川、贵州、云南、西藏等省区均有分布。

3 缅北原矛头蝮 *Protobothrops kaulbacki*

大型管牙类毒蛇，体型细长，成体全长 110 ~ 160 cm。头大，呈三角形，与颈区分明显，具颊窝。头背黑色，有 1 个近似 "人" 字形浅色斑，眼后有 1 道较宽的黑色眉纹。体背面暗绿色，体背正中有 1 个褐色色斑，体两侧各有 1 列较小的褐色色斑。中段背鳞 25 行。毒性和咬伤症状与原矛头蝮基本相同，但排毒量较大，更应多加小心。

栖息于海拔较高的山区。国内分布于西藏东南部地区。

① 莽山原矛头蝮 *Protobothrops mangshanensis* （曾用名: 莽山烙铁头蛇　地方名: 小青龙）

　　大型管牙类毒蛇，体型较本属其他种粗壮，成体全长 120 ~ 210 cm。头大，呈三角形，与颈区分明显，具颊窝。头体背面具草绿色与橄榄绿色相杂形成的迷彩样花纹，尾尖呈白色。毒性和咬伤症状与原矛头蝮基本相同，但排毒量较大，更应多加小心。

　　栖息于山区丛林。国内分布于湖南、广东两省。

竹叶青蛇属 *Trimeresurus*

② 白唇竹叶青蛇 *Trimeresurus albolabris* （地方名: 小青蛇、青竹蛇）

　　中等大小管牙类毒蛇，体型较细长，成体全长 50 ~ 110 cm，雌性较雄性个体大。头大，呈三角形，但与国内分布的本属其他物种相比显浑圆。具颊窝，鼻鳞与第一枚上唇鳞完全愈合或仅有极短的鳞沟。中段背鳞 21 行。背面绿色。眼黄色或琥珀色。雄蛇眼后具白色的细眉纹，体侧具白色的细侧纹，少数雄蛇其白色侧纹下方还有 1 条暗淡的红色细侧纹；雌性眼后无眉纹，体侧具白色的细侧纹或不显。雌雄腹面为黄色或白色，尾背及尾末锈红色。毒液是血循毒，被咬后伤口周围剧烈疼痛、红肿，并伴随出血。

　　栖息于平原、丘陵和低山区，常出没于水源地附近。主要于夜间活动，捕食蛙类、蜥蜴及小型哺乳动物等。国内见于江西、福建、广东、海南、香港、澳门、广西、四川、贵州、云南等省区。

① **福建竹叶青蛇** *Trimeresurus stejnegeri* （曾用名：竹叶青蛇　地方名：焦尾巴、赤尾青竹丝、青竹标、青竹丝）

　　中等大小管牙类毒蛇，体型较细长，成体全长 50 ~ 90 cm，雌性较雄性个体大。头大，呈三角形，与颈区分明显，具颊窝。中段背鳞21行。背面绿色。雌雄性二型明显，雄蛇眼红色或琥珀色，眼后常有白色或红白各半的细眉纹，体侧具红白各半的细侧纹，自颈部延伸至肛部；雌蛇眼黄色或琥珀色，眼后无眉纹，体侧具红白各半或白色的细侧纹，自颈部延伸至肛部。雌雄腹面均为草绿色，尾背及尾末锈红色。毒液是血循毒。被咬后伤口周围剧烈疼痛、红肿，并伴随出血。

　　常栖息于山区、丘陵靠水源多草木之处。主要于夜间活动，捕食蛙类、蜥蜴及小型哺乳动物等。国内分布极为广泛，黄河以南大部分省区均有分布，且在吉林长白山地区有孑遗种群。

② **冈氏竹叶青蛇** *Trimeresurus gumprechti*

　　中等大小管牙类毒蛇，体型较细长，成体全长 60 ~ 130 cm，雌性较雄性个体大很多。头大，呈三角形，与颈区分明显，具颊窝。形态、色斑、习性、毒理等与福建竹叶青蛇相仿，主要区别在于：雄性眼红色或深红色，眼后红白参半的眉纹及体侧红白各半的侧纹的红色部分较宽；雌性眼金黄色，眼后无眉纹，体侧侧纹白色。鳞间皮肤颜色较深。个体相对较大，雌雄体型差异更显著。

　　常栖息于山区、丘陵靠水源多草木之处。国内分布于云南西部地区。

③ **云南竹叶青蛇** *Trimeresurus yunnanensis* （曾用名：竹叶青蛇云南亚种）

　　中等大小管牙类毒蛇，体型较细长，成体全长 50 ~ 100 cm，雌性较雄性个体大。头大，呈三角形，与颈区分明显，具颊窝。形态、色斑、习性、毒理等与福建竹叶青蛇相仿，主要区别在于：中段背鳞19行。

　　常栖息于山区、丘陵靠水源多草木之处。国内分布于四川西南部及云南西部地区。

①坡普竹叶青蛇 *Trimeresurus popeiorum*

中等大小管牙类毒蛇，体型较细长，成体全长 50 ～ 130 cm，雌性较雄性个体大很多。头大，呈三角形，与颈区分明显，具颊窝。通体绿色，中段背鳞21行，尾部锈红色边界不明显。雌雄眼均为血红色，雄性眉纹明显，上红下白，侧纹上白下红，鳞间有隐约深色横斑；雌性眉纹、侧纹白色或无。

常栖息于山区、丘陵靠水源多草木之处。国内分布于云南西双版纳地区，国外见于东南亚国家。

②墨脱竹叶青蛇 *Trimeresurus medoensis*

中等大小管牙类毒蛇，体型较细长，成体全长 60 ～ 80 cm。头大，呈三角形，与颈区分明显，具颊窝。雌雄性二型不显著，通体绿色，中段背鳞17行，眼后无眉纹，侧纹上白下红，眼黄绿色，占头部面积较国内其他种更大。

常栖息于山区、丘陵靠水源多草木之处。国内仅发现于西藏墨脱，国外见于印度东北部及缅甸。

圆斑蝰属 *Daboia*

③泰国圆斑蝰 *Daboia siamensis* （曾用名：圆斑蝰泰国亚种 地方名：金钱豹、百步金钱豹、金钱蝰、金钱斑、古钱窗）

中等大小管牙类毒蛇，体型短粗，成体全长 60 ～ 100 cm。头大，呈三角形，鼻孔大而明显。背面灰褐色或褐色，上有三纵列镶黑边的深褐色圆形斑纹，其中背脊中央一列较大，体侧两列较小。腹部灰白色，杂以黑斑。

毒液是血循毒，且排毒量较大。被咬后伤口周围剧烈疼痛、红肿，并伴随出血。不久后伤口周围出现血水疱，伤口周围出现溃烂，咽喉、口腔、皮下等处出血。严重者会因脑出血而昏迷，甚至死亡。本种常盘伏于落叶层中，因伪装色极好而难以被察觉，在野外工作时应格外注意。

栖息于开阔地山林中，常盘伏于植物、朽木之下。受惊扰后会鼓起身体，盘曲成团并不断发出"呼呼"声。捕食小型啮齿动物、蜥蜴、蛙类等。国内分布于福建、台湾、广东、广西等省区。

蝰属 *Vipera*

① **极北蝰** *Vipera berus* （曾用名：龙纹蝰）

中等偏小管牙类毒蛇，体型短粗，成体全长 50 cm 左右。头略呈三角形，吻部较钝，鼻孔较大。体色变化幅度较大，背面颜色多为灰褐色、浅灰色，偶见红褐色和纯黑色，一般而言雄性较雌性体色浅而鲜亮。背脊中央有一深色锯齿状纵纹从颈部一直延伸至尾末。体侧各有一列较小的深色斑。背鳞起棱明显。

毒液为血循毒。被咬后伤口周围疼痛、红肿、淤青，并伴随少量出血，一般不会致人死亡。

栖息于高纬度地区的针叶林、针阔叶混交林或草原。捕食小型哺乳动物、蜥蜴、蛙类。幼体亦捕食小型无脊椎动物。我国仅发现于吉林、新疆两地，国外见于欧洲及中亚多国。

主要参考文献

[1] 蔡波，王跃招，陈跃英，等 . 中国爬行纲动物分类厘定 [J]. 生物多样性，2015，23(3)：365-382.

[2] 季达明，温世生 . 中国爬行动物图鉴 [M]. 郑州：河南科学技术出版社，2002.

[3] 李丕鹏，赵尔宓，董丙君 . 西藏两栖爬行动物多样性 [M]. 北京：科学出版社，2010.

[4] 罗键，高红英，刘颖梅 . 中国蛇类名录订正及其分布 [C]// 计翔 . 两栖爬行动物学研究：第 12 辑 . 南京：东南大学出版社，2010：67-91.

[5] 向高世，李鹏翔，杨懿如 . 台湾两栖爬行类图鉴 [M]. 台北：猫头鹰出版社，2010.

[6] 史静耸，杨登为，张武元，等 . 西伯利亚蝮 - 中介蝮复合种在中国的分布及其种下分类（蛇亚目：蝮亚科）[J]. 动物学杂志，2016，51(5)：777-798.

[7] 张孟闻，宗愉，马积藩 . 总论 龟鳖目 鳄形目 [M]// 中国科学院中国动物志编辑委员会 . 中国动物志 爬行纲：第一卷 . 北京：科学出版社，1998：1-212.

[8] 赵尔宓，江跃明，黄庆云，等 . 拉汉英两栖爬行动物名称 [M]. 北京：科学出版社，1993.

[9] 赵尔宓，黄美华，宗愉 . 有鳞目 蛇亚目 [M]// 中国科学院中国动物志编辑委员会 . 中国动物志 爬行纲：第三卷 . 北京：科学出版社，1998：1-522.

[10] 赵尔宓，赵肯堂，周开亚 . 有鳞目 蜥蜴亚目 [M]// 中国科学院中国动物志编辑委员会 . 中国动物志 爬行纲：第二卷 . 北京：科学出版社，1999：1-394.

[11] 赵尔宓. 中国蛇类 [M]. 合肥：安徽科学技术出版社，2006.

[12] 周婷，李丕鹏. 中国龟鳖分类原色图鉴 [M]. 北京：中国农业出版社，2013.

[13] 李锦玲，佟海燕. 两栖类 爬行类 鸟类：第二册 副爬行类 大鼻龙类 龟鳖类 [M]// 中国古脊椎动物志编辑委员会. 中国古脊椎动物志：第二卷. 北京：科学出版社，2017:1-396.

[14] BEOLENS B, WATKINS M, GRAYSON M. The eponym dictionary of reptiles [M]. Maryland: JHU Press, 2011.

[15] CHEN X, LEMMON A R, LEMMON E M, et al. Using phylogenomics to understand the link between biogeographic origins and regional diversification in ratsnakes[J]. Molecular phylogenetics and evolution, 2017, 111: 206-218.

[16] DAS I. A field guide to the reptiles of South-East Asia[M]. London: Bloomsbury Publishing, 2015.

[17] MURPHY J C, VORIS H K. A checklist and key to the homalopsid snakes (Reptilia, Squamata, Serpentes), with the description of new genera[J]. Fieldiana Life and Earth Sciences, 2014: 1-43.

[18] PYRON R A, BURBRINK F T, WIENS J J. A phylogeny and revised classification of Squamata, including 4161 species of lizards and snakes[J]. BMC evolutionary biology, 2013, 13(1): 93.

[19] SINDACO R, JEREMčENKO V K, VENCHI A, et al. The Reptiles of the Western Palearctic: Annotated Checklist and Distributional Atlas of the Turtles, Crocodiles, Amphisbaenians and Lizards of Europe, North Africa, Middle East and Central Asia[M]. Latina: Edizioni Belvedere, 2008.

[20] WANG K, CHE J, LIN S, et al. Multilocus phylogeny and revised classification for mountain dragons of the genus *Japalura* sl. (Reptilia: Agamidae: Draconinae) from Asia[J]. Zoological Journal of the Linnean Society, 2018, 185(1): 246-267.

[21] WEINSTEIN S A, WARRELL D A, WHITE J, et al. "Venomous" Bites from Non-Venomous Snakes: A Critical Analysis of Risk and Management of "Colubrid" Snake Bites[M]. Amsterdam: Elsevier, 2011.

图片摄影

白皓天 蚌西拟树蜥

岑　鹏 福建华珊瑚蛇

陈亮俊 台湾龙蜥

陈　旻 白唇树蜥

陈之旸 扬子鳄

程文达 股鳞蜓蜥、四线石龙子、黑背链蛇、挂墩后棱蛇、紫灰蛇、黑头剑蛇

邓俊东 尖喙蛇、无颞鳞腹链蛇、圆斑小头蛇、缅甸颈槽蛇

巩匆然 王海婴　蓝尾石龙子、钝尾两头蛇、台湾烙铁头蛇

谷　峰 尖喙蛇

关翔宇 绿背树蜥

郭宪光 新疆漠虎

何恒巍 凹甲陆龟、黄额闭壳龟、黑疣大壁虎

黄　凯 三线闭壳龟

黄　秦 多疣壁虎、金环蛇

黄鑫磊 短尾蝮

黄耀华 米仓山龙蜥、乌梢蛇

黄亚慧 伊犁沙虎

金　黎 棕脊蛇、绿林蛇、金花蛇、紫棕小头蛇、广西后棱蛇

孔德茂 圆鼻巨蜥

罗来高 白条草蜥

李　成 长尾南蜥、鳄蜥

李　飏 米仓山龙蜥、棕背树蜥

刘 璐 灰腹绿锦蛇

刘 晔 宽尾蜥虎、山滑蜥、快步麻蜥、细脆蛇蜥

陆建树 西藏拟树蜥

Oleg Belyalov（哈萨克斯坦） 大耳沙蜥

彭 博 铅山壁虎、黄纹石龙子、拉萨岩蜥

秦 隆 崇安草蜥

宋肖萌 地龟

孙 戈 棕背树蜥（封面）

孙家杰 丽纹腹链蛇、颈棱蛇

史静耸 敏麻蜥、山地麻蜥、快步麻蜥、新疆岩蜥、变色沙蜥、喜山过树蛇、坎氏锦蛇、团花锦蛇、刘氏链蛇、黄脊东方游蛇、红脖颈槽蛇、白头蝰、尖吻蝮、长岛蝮、阿拉善蝮、蛇岛蝮千山亚种、西伯利亚蝮、华北蝮、秦岭蝮、红斑高山蝮、菜花原矛头蝮、缅北原矛头蝮

唐志远 大盲蛇、高原蝮

王吉申 极北蝰

王 剀 疣尾蜥虎、细脆蛇蜥、裸耳龙蜥、昆明龙蜥、绿锦蛇、八线腹链蛇、大眼斜鳞蛇、黑线乌梢蛇、九龙颈槽蛇

王立军 蜡皮蜥、过树蛇

王 健 红耳龟密西西比亚种、海南睑虎、原尾蜥虎、中国壁虎、梅氏壁虎、蹼趾壁虎、截趾虎、北部湾蜓蜥、光蜥、北草蜥、丽棘蜥、闪鳞蛇、黑脊蛇、八线腹链蛇、舟山眼镜蛇、尖吻蝮

王聿凡 荔波睑虎、西藏弓趾虎、裸耳飞蜥、喉褶蜥、长肢攀蜥、纹尾斜鳞蛇、喜山颈槽蛇、长岛蝮

王 瑞 捷蜥蜴、新疆沙虎、灰中趾虎、隐耳漠虎、奇台沙蜥、中国水蛇、花条蛇、绿瘦蛇、绞花林蛇、花脊秘纹蛇、棋斑水游蛇

韦朝泰 黑纹颈槽蛇

武 其 海南华珊瑚蛇

巫嘉伟 黄喉拟水龟、三索颔腔蛇

郗 旺 峨眉草蜥

谢 江 三棱攀蜥

谢伟亮 长鬣蜥、黑疣大壁虎、缅甸陆龟、中华花龟、锯缘闭壳龟、四眼斑水龟、蛛睑虎、霸王岭睑虎、凭祥睑虎、广西睑虎、铜蜓蜥、中国石龙子、多线南蜥、中国棱蜥、南草蜥、斑飞蜥、变色树蜥、细鳞拟树蜥、钩盲蛇、横纹钝头蛇、黑斑水蛇、紫沙蛇、草腹链蛇、广西林蛇、横纹翠青蛇、黑眉锦蛇、玉斑丽蛇、黑带腹链蛇、白眉腹链蛇、锈链腹链蛇、福清链蛇、细白链蛇、台湾小头蛇、莽山后棱蛇、滑鼠蛇、海南颈槽蛇、银环蛇、中华珊瑚蛇、白唇竹叶青蛇、福建竹叶青蛇

邢　睿 红隼捕食沙蜥、敏麻蜥、长细趾虎、捷蜥蜴、旱地沙蜥、东方沙蟒、水游蛇

徐　峰 草原蜥

严　莹 山溪后棱蛇、原矛头蝮、角原矛头蝮

姚忠祎 北草蜥交配、叶城沙蜥、南疆沙蜥、青海沙蜥

袁　屏 横纹斜鳞蛇、湖北颈槽蛇、坡普竹叶青蛇

张海华 胎蜥

张　亮 缅甸蟒、海南闪鳞蛇、中国钝头蛇、铅色水蛇、繁花林蛇、百花锦蛇、黄链蛇、粉链蛇、侧条后棱蛇、山溪后棱蛇、乌梢蛇、灰鼠蛇、黑头剑蛇、乌华游蛇、环纹华游蛇、孟加拉眼镜蛇、眼镜王蛇、黑头蝰、泰国圆斑蝰、越南烙铁头蛇、冈氏竹叶青蛇（封底）、云南竹叶青蛇

张　同 四爪陆龟

张彤彤 黄喉拟水龟、红耳龟密西西比亚种

张巍巍 斑飞蜥、吴氏岩蜥、粉链蛇

张　旭 大渡石龙子、圆鼻巨蜥、草绿龙蜥、福建颈斑蛇

张　瑜 无蹼壁虎、黄纹石龙子、南滑蜥、岩岸岛蜥、山地麻蜥

赵鑫磊 赤链华游蛇

赵岩岩 尖尾两头蛇、菱斑小头蛇

周重建 中华鳖、平胸龟、黄缘闭壳龟、宁波滑蜥、丽纹龙蜥、双斑锦蛇、横斑丽蛇、赤链蛇、莽山原矛头蝮

周正彦 无蹼壁虎、桓仁滑蜥、缅甸钝头蛇、东亚腹链蛇、中国小头蛇、大眼斜鳞蛇、温泉蛇、山烙铁头蛇

其他图片由作者拍摄

好奇心书系

图鉴系列 . . . .

中国昆虫生态大图鉴（第2版）	张巍巍	李元胜	常见园林植物识别图鉴（第2版）	吴棣飞	尤志勉
中国蜘蛛生态大图鉴	张志升	王露雨	药用植物生态图鉴	赵素云	
中国鸟类生态大图鉴	郭冬生	张正旺	凝固的时空	张巍巍	
中国蜻蜓大图鉴	张浩淼		琥珀中的昆虫及其他无脊椎动物		
青藏高原野花大图鉴	牛洋 王辰 彭建生		常见兰花400种识别图鉴	吴棣飞	
中国蝴蝶生活史图鉴	朱建青 谷宇 陈志兵		中国湿地植物图鉴	王辰 王英伟	
	陈嘉霖				

自然观察手册系列 . . . .

云与大气现象	张超 王燕平 王辰
天体与天象	朱江
中国常见古生物化石	唐永刚 邢立达
矿物与宝石	朱江
岩石与地貌	朱江

好奇心单本 . . . .

昆虫之美1：精灵物语	李元胜
昆虫之美2：雨林秘境	李元胜
与万物同行	李元胜
昆虫家谱	张巍巍
蜜蜂邮花	王荫长 张巍巍 缪晓青

野外识别手册系列 . . . .

常见昆虫野外识别手册	张巍巍
常见鸟类野外识别手册	郭冬生
常见植物野外识别手册	刘全儒 王辰
常见蝴蝶野外识别手册	黄灏 张巍巍
常见蘑菇野外识别手册	肖波 范宇光
常见蜘蛛野外识别手册	张志升
常见南方野花识别手册	江珊
常见天牛野外识别手册	林美英
常见蜗牛野外识别手册	吴岷
常见海滨动物野外识别手册	刘文亮 严莹
常见爬行动物野外识别手册	齐硕

凝固的时空

琥珀中的昆虫及其他无脊椎动物

FROZEN DIMENSIONS

FRO ZEN DIMEN SIONS

凝固的时空

一部疯狂 缜密 伟大的工具书

人类一直在透过琥珀看远古，但这是看得最清楚的一次

著　　者：张巍巍
定　　价：498.00 元
出版单位：重庆大学出版社

● 本书精选了产自缅甸、波罗的海和多米尼加的虫珀800件，向广大读者全面系统地介绍了琥珀中出现的无脊椎动物6门12纲67目的600余种，并简要介绍了其他琥珀内含物（脊椎动物、植物、菌类等）的基本情况和世界各国的主要琥珀产地。

● 全书照片多达2 000余幅，是关于虫珀收藏和研究的重要